天下文化
Believe in Reading

尋找
安全的家

結構技師**蔡榮根**教你選好宅

作者／**蔡榮根 博士**

目錄

| 自序 | 美好家園需要耐震安全 | 6 |

第一部　你也能懂的房屋結構安全知識　12

1. 什麼是建築物耐震設計？　15
2. 我的房子能抗幾級地震？　27
3. 我住的大樓會與地震共振嗎？　39
4. 哪些房子不耐震？　47
5. 面對土壤液化威脅怎麼辦？　65
6. 山坡地住宅安全面面觀　73
7. 地震後如何檢查住家結構安全？　87
8. 杞人應該憂天嗎？　97

第二部　**尋找安全的家**　　　　　　　　　　104

　9. RC、SS、SRC 構造大樓何者比較耐震？　　107
10. 辨別「制震宅」和「隔震宅」的真偽　　　121
11. 低層街屋的耐震安全　　　　　　　　　　131
12. 老屋為何不會在強震中倒光光？　　　　　139
13. 房子是海砂屋怎麼辦？　　　　　　　　　149
14. 夾層屋問題知多少　　　　　　　　　　　155
15. 頂樓加蓋有什麼風險？　　　　　　　　　165
16. 陽臺可以外推嗎？　　　　　　　　　　　171
17. 魔音穿腦怎麼辦？　　　　　　　　　　　175
18. 如何面對工地損鄰爭議？　　　　　　　　183

目錄

第三部　老屋整建與更新　196

19. 什麼是耐震能力評估？　199
20. 老舊大樓如何進行結構耐震補強？　205
21. 老舊大樓如何拉皮？　217
22. 老舊公寓如何增設電梯？　223
23. 惱人的房屋漏水和壁癌　231
24. 為家人打造無毒的居住空間　241
25. 老屋電線需要重新抽換嗎？　249
26. 都市更新和危老重建有何不同？　253
27. 都更後的新屋如何分配？　261
28. 如何辨別都更建商的良窳？　265
29. 修訂建築法才能保障人民生命財產安全　273

誌謝　284
圖片來源　286

自序　美好家園需要耐震安全

今天我們在臺灣所看到的陸地，原來都是海底的沉積岩，經由菲律賓海板塊和歐亞大陸板塊千百萬年來互相擠壓而拱起形成，這就是所謂造山運動。臺灣每年約 4 萬次地震是這一造山運動的原動力，現在仍然持續進行中。它為我們形塑成現有 268 座 3000 公尺以上高山的美麗家園樣貌，但也使得面對震災成為我們無法避免的宿命。

1999 年 9 月 21 日凌晨 1 點 47 分，我在睡夢中被地震驚醒，之前沒經歷過搖晃幅度這麼大和歷時這麼長的地震，心裡感覺不妙，不久便從收音機收到房屋倒塌及人命傷亡的消息。那時我擔任臺北市結構技師公會理事長，知道必須負起社會責任，除立即著衣趕赴市府協助規劃勘救災外，另外想到很多房屋受損，擔心餘震再來，必定人心惶惶。清晨立刻宣布動員全體會員為民眾受損房屋住家義診，以安定民心。

那段期間，朝野都停止原本激烈進行中的 2000 年總統競選活動，身為結構技師公會理事長的我，除了領導為災損房屋進行緊急鑑定和協助救災外，也成為國內外媒體採訪的

焦點。面對滿目瘡痍的災區，我百感交集。我的發言讓亟欲將屋毀人亡慘劇一味歸咎於天災的政府和業界惱怒不已，但我卻寧可得罪政府和衣食父母，也要講真話，因為經過這麼慘烈的震災，如果不能促成一些檢討和改變，我們將對不起兩千多位罹難的同胞和後代子孫。

在921地震中倒塌造成死傷最嚴重的住宅大樓，絕大部分興建完成於1990年代，是距當時屋齡還不到10年的大樓。在近年幾次震災中倒塌成為媒體報導重點的，也都以這時期興建的大樓居多。臺灣的建築物耐震設計規範一向與美日等國同步修訂，若能確實遵照當時的規範設計及施工，縱使規範有所不足，也不應該造成如此重大死傷。

每當發生屋倒人亡的震災，大家總是將禍首一面倒指向「老屋耐震能力不足」，解決方法好像除了加速都更及危老重建外，沒有其他更好的辦法。「老屋耐震能力不足」固然是屋倒人亡的原因，但並非所有的老屋都在震災中倒塌。例如2016年美濃地震，竣工於1995年的臺南市維冠金龍大樓倒塌，造成115位民眾罹難，但其四周屋齡更老的房屋，並沒有倒塌造成傷亡。後續幾次災難性強震，也是這樣。

根據內政部建築研究所對921震損建築物的調查報告，純粹因耐震能力不足而倒塌造成死傷的房屋有兩類，一類是用土磚砌成的土埆厝。土埆厝毫無抗震能力可言，早在日治時期就不被認定為合法建築，但仍普遍存在於鄉間及山區。

在921地震震央附近的南投縣和臺中市鄉間，大量倒塌的土埆厝，造成922人罹難，占全臺罹難總人數（不含罹難原因不明者）的41.3%。既存的土埆厝再遇大地震仍會悲劇重演，不宜繼續當居住空間使用。

另一類是傳統磚造及加強磚造透天厝，這類建物大部分興建於1974年以前，臺灣還沒有耐震規範的年代，現仍普遍存在於非都會型的鄉鎮中，在921震災中總計有1428棟全倒或嚴重受損，造成331人罹難。最需要都更或危老重建的，是這類加強磚造透天厝，但所有的容積獎勵在非都會區都缺乏誘因。建議還居住在這類房屋的民眾，若短期間內沒有重建計畫，應善用政府提供的輔導及補助，盡速補強房屋結構安全。

以上兩類老屋在都市發展較快的市鎮和都會區，已大部分為鋼筋混凝土造房屋取代。在921震災中，全臺受創鋼筋混凝土造建築總計4325棟，共造成796人罹難，而其中的431人，卻集中在16棟較高層的集合住宅大樓中遇難。本書將為大家剖析，這些大樓為什麼會在強震中倒塌？

五層樓以下低層鋼筋混凝土造房屋，有3800餘棟在921地震中受創，全倒和半倒者約占其中四分之一，總計造成365人罹難。但全臺仍有數量龐大的鋼筋混凝土造老屋，安然度過921強震和後續的幾次震災。可見震災時的屋倒人亡，不能完全歸咎於「老屋耐震能力不足」。本書將以結構

技師的專業跟大家解析，為何耐震設計不足的老屋沒在強震中倒光光？

都更及危老重建固然是解決老屋耐震安全的最根本辦法，但都會區集合住宅和公寓產權複雜，住戶間整合困難，即使政府釋出各種誘因鼓勵，推動速度仍然牛步。以各都近年平均每年核發老屋拆除件數計算，臺北市要將屋齡30年以上老屋全部更新，得花380年，新北市更需要超過一世紀，期待完全靠都更及危老重建解決居住安全問題，顯然不切實際。而且重建後的房價高不可攀，也不是一般人都負擔得起。因此，如何辨識相對安全的老屋，才是大家最應該關心的問題。

我除了曾擔任臺北市結構技師公會理事長外，之後也再擔任臺灣省、新北市結構技師公會及結構技師全國聯合會理事長，參與了近幾年歷次大小震災的勘救災，與震災原因探討，對臺灣建築物的耐震安全有最深切的了解。一直有寫這本書的念頭，只是未付諸實施，感謝天下文化的邀稿，和優秀編輯團隊的協助和督促，才能讓本書順利出版。

. . .

本書分三部分，第一部是〈你也能懂的房屋結構安全知識〉。有感於媒體及網路上充斥似是而非的房屋耐震安全資

訊，相信本書深入淺出的書寫表達方式，能將艱澀難懂的房屋結構專業技術，化約為淺顯易懂的生活知識。讀者應可無障礙的閱讀本篇章，為自己建立正確的結構安全觀念，無論選購（住）新成屋或中古屋都適用。

第二部〈尋找安全的家〉，涵蓋購屋或居家可能碰到的絕大多數疑問，除了教大家辨識你中意的房子是否有耐震安全疑慮外，包括買賣海砂屋、夾層屋、違建屋、居家噪音、施工損鄰等可能引起的糾紛、法律問題和處理方法等，也都有深入的探討，幫助讀者謀定而後動，選擇安全可靠的家。

鑑於全臺平均屋齡已達 32 年，臺北市屋齡超過 30 年的老屋更占 70% 以上，期待都更或危老重建又緩不濟急。本書第三部〈老屋整建與更新〉，闡述政府在公有建築結構耐震補強所取得的成效，以及政府對私有建築結構耐震補強現有的輔導措施和經費補助。期待有本書所述耐震疑慮的房屋屋主，應整合住戶的意見，盡速尋求政府協助，以維護自家在強震來襲時的生命財產安全。此外，包括老舊大樓拉皮、老舊公寓增設電梯、惱人的漏水與壁癌問題、無毒的居住空間、老屋電線抽換等，都有簡明實用的建議。

對於有老屋重建需求的讀者，是都更好或危老重建好？重建後的新屋如何分配？如何避免踩到都更地雷？面對多如牛毛的法令，本書有簡單扼要的解說，可以幫助讀者降低與建商專業資訊的不對稱，維護自己的權益。

本書雖然是為一般讀者書寫的科普書，但寫作的嚴謹度比照學術論文，書中的每一篇章，作者都邀請業內最頂尖的專業技師或學者專家協助審閱修訂後定稿。除了能為一般讀者尋找安全的家，提供正確的指引外，也可以做為房屋仲介業員工的訓練教材，以及物業管理業者和公寓大廈管理委員會的工具書，同時適合初學建築結構耐震專業的學子做為入門書籍。

　　期待透過本書的分享，讓居住在這塊土地上的人民，都能找到一個適合自己的安全住家。

第1部
你也能懂的
房屋結構安全知識

1 什麼是
建築物耐震設計？

　　1995 年日本阪神大地震後，臺北市和臺灣省結構技師公會在日本構造者協會的協助安排下，組團前往大阪、兵庫縣等重災區考察，這是我執行結構技師業務後，第一次有機會印證所學是否禁得起大震災的考驗。

　　面對滿目瘡痍的災區，日本同行告訴我們這次震災罹難人數中 89% 死於建築物倒塌，倒塌的建築物絕大部分為 1981 年以前設計興建，1981 年以後根據日本「新耐震基準」設計興建的建築物，雖仍有損壞，但幾乎沒有倒塌造成人命傷亡。我們對日本同行這一說明非常重視，因為臺灣的建築設計規範也在 1982 年參考美、日等國的最新耐震設計規範做了大翻修，可以說是與世界同步。

　　再進一步了解日本政府是如何以嚴謹的態度落實他們的新耐震基準法後，大家不禁對我們臺灣的建築結構安全憂心忡忡，不幸的是這一擔憂很快成為事實。

1999 年 921 大地震，倒塌造成死傷最嚴重的集合住宅大樓，除了臺北市東星大樓以外，其他都是設計興建於 1990 年代的住宅大樓，在當時屋齡還不到 10 年。因此當時擔任臺北市結構技師公會理事長的我，面對媒體採訪時很沉重的說：「我們有 90 分的建築耐震設計規範，但卻只落實了 30 分。」

　　921 地震災後調查結果顯示，倒塌的大樓無法如同日本建築物一樣「大震不倒」，反而造成嚴重死傷，主要原因有二。一是大樓的平立面規劃嚴重違反耐震規範要求的基本原則，二是沒有遵照「韌性設計」規定嚴謹設計並且施工。

　　本書後續將以 921 等震災中倒塌的房屋為例，說明耐震規範所規定的建築平立面規劃基本原則。本章先介紹什麼是「韌性設計」，以及為什麼「韌性設計」可以確保建築「大震不倒」。

「韌性設計」確保「大震不倒」

　　所謂「韌性」就是變形的能力，「韌性設計」是將建築物的梁柱等組成的結構體，設計成具有變形能力。如此一來，當強震來襲時，可用梁柱結構體自身的變形能力來消散地震搖晃的能量，讓建築物不至於倒塌。這就像是颱風來襲時，樹木能隨風搖晃而不被折斷一樣。這是一種以柔克剛的

設計概念。

由於大部分民眾住宅的結構體都是鋼筋混凝土造,因此本書以鋼筋混凝土結構體的韌性設計為介紹重點。

房屋結構體第一個要支撐的力量是房屋本身的重量,包括組成房屋結構體的梁、柱、板、牆和基礎等,及隔間牆、飾面裝修材、設備、居住的人員、家具、空中花園⋯⋯等所有放在結構體上面的額外重量。

結構體的各層樓板是居住空間的地板和天花板,樓板所承載的重量會傳遞到橫梁上。橫梁分為大梁和小梁兩類,其中與柱相連接的稱為大梁,兩端連接大梁、不與柱相連結的稱為小梁。

大梁承載從樓板和小梁傳遞過來的重量,然後傳遞給連結的柱來支撐。各樓層的重量傳遞到各樓層的柱,再層層的往下累積,最後由大樓的基礎提供支撐。

在地震威脅小的地區,房屋的結構體只需要能夠支撐垂直方向的重量和橫向的風力。例如香港、新加坡等地,大家若去當地旅遊或出差,會發現那邊的鋼筋混凝土大樓梁柱斷面的尺寸比臺灣的小很多。

但在地震頻繁的臺灣,房屋結構的設計就複雜得多了。建築物的結構體除了必須承受自身的重量和風力外,還要考慮地震力的衝擊。地震力來自於地震對建築物造成的「慣性力」,對鋼筋混凝土建築物而言,影響比風力大得多。

什麼是慣性力？想像我們站在前進中的公車上，若公車突然加速，將使我們突然往後仰。若公車突然煞車減速，將使我們往前撲。不管公車前進時突然加速度或減速度，都會誘發我們自身產生水平方向的慣性力，就像突然有人往前或往後推我們一把。設想公車上的我們是建築物，再想像司機不斷踩油門加速後又馬上緊急煞車，大概就能體會建築物在地震時被慣性力來回甩動的感覺。地震時房屋激烈搖晃所造

建築物重量如何在結構體中傳遞？

❶ 樓板
❷ 小梁
❸ 大梁
❹ 柱

▲大梁承載從樓板和小梁傳遞過來的重量，然後傳遞給與它相連的柱來支撐。各樓層的重量傳遞到各樓層的柱，再層層往下累積，最後由大樓的基礎支撐。

成的來回甩動慣性力,即為建築結構體必須承受的地震力。

　　大梁和柱子是承擔地震力的主要結構桿件,所以大梁和柱子必須設計成具有足夠的「強度」和「韌性」,才能耐震。強度就如同字面上的意思,代表梁或柱抵抗外力的極限,這一點比較容易理解,韌性則與結構體的整體變形能力有關。有韌性的建築結構體不是完全跟地震力硬碰硬,而是以柔克剛,能隨著地震來回甩動,讓地震的破壞能量逐漸消散。當然,我們也可以單純設計出具有足夠強度的結構體來抵抗地震力,但這樣設計出來的梁柱會非常粗壯,可能還需要很厚的牆來幫忙承擔,非但不經濟,而且影響使用空間。

　　要同時滿足「安全性」和「經濟性」的要求,除了強度外,我們也必須將建築結構體設計得有韌性。有韌性的結構體具有足夠的變形能力,當遇到較大幅度的地震搖晃時,即使梁柱不是很粗壯,也不容易被震斷或壓碎。萬一遇到非常罕遇的超大地震來襲,只要是依照「韌性設計基本原則」設計興建的建築物,也不會瞬間倒塌,在建築物被震毀前,可以讓住戶有足夠的空間和時間逃生。

韌性設計基本原則

　　「韌性設計」除了必須將承擔地震力衝擊的梁和柱,個別設計得具有韌性外,還必須確保由梁柱等組合而成的整棟

結構體,也具有變形能力——也就是具有韌性。如此一來,建築在遇到非預期的罕見大地震時,才不至於崩塌。耐震韌性設計必須遵循的設計及施工規範很多,本文說明其中最重要的原則如下:

一、「柱子」不能先於「橫梁」被震壞

一棟建築物的柱子不可以先於梁被震壞,因為梁的破壞一般屬於局部的破壞,但豎向柱的破壞,會立刻危及整棟建築物的穩定,容易造成房屋瞬間倒塌!

要確保柱子不會先震壞,柱內的箍筋間距必須足夠緊密,在與梁交接處上下一定的範圍內,稱為「柱圍束區」,箍筋間距一般不得大於 10 公分,而且箍筋閉合處必須彎成 **135 度的「耐震彎鉤」**,才能防止強震搖晃造成箍筋鬆脫,進而壓碎柱體的混凝土。

921 地震前興建的房屋,柱內箍筋的間距常常過大,而且閉合處絕大部分只做 90 度彎鉤。當時我與結構技師公會的同行不斷對政府和國人提出警告,但大家都不相信地震來時房子會倒塌。終於,921 地震證明耐震規範的重要,不遵守耐震規範興建的建築物是禁不起考驗的。所幸大家終能記取教訓,1999 年 921 地震後興建的房屋,至少在「箍筋間距」和「耐震箍筋」綁紮上,都能夠落實規範要求。

二、「梁柱接頭」不得比「梁柱」先被震壞

梁柱接頭被震壞了,意味著與它相連結的柱和梁都跟著失去效用,就像骨頭的關節壞掉,即使骨骼再強健,也沒辦法發揮支撐身體的功能。

為了確保梁柱接頭不會先被震壞,耐震設計規範明文規定,梁柱接頭內也必須配置有耐震彎鉤的箍筋。由於接頭內的箍筋綁紮費工費時,在921地震前興建的房屋很少遵循這項規定,我們勘災時就發現不少大樓,因接頭先於梁柱破壞而崩塌。

三、地震時不容許梁柱先產生「剪力破壞」

鋼筋混凝土結構梁柱的破壞型式主要分為「彎曲破壞」和「剪力破壞」兩種。這兩種破壞機制必須用複雜的數學公式和圖說才能解釋清楚,一般民眾難以窺其堂奧,因此本書僅向讀者說明這兩種破壞型式的現象和後果。

以梁的破壞為例,**彎曲破壞**(見後面「梁的兩種破壞型式」圖示)所產生的開裂,會沿著梁的斷面造成垂直及水平的裂縫。梁若產生這樣的破壞,即使最後因此斷裂,斷裂卻不會突然發生,因為埋在混凝土內受力的鋼筋主筋有延展性,所以梁會漸進下陷,讓房屋裡面的住戶可預知危險而撤離。因此「彎曲破壞」是一種有延性的破壞型態。

梁柱內部鋼筋示意圖

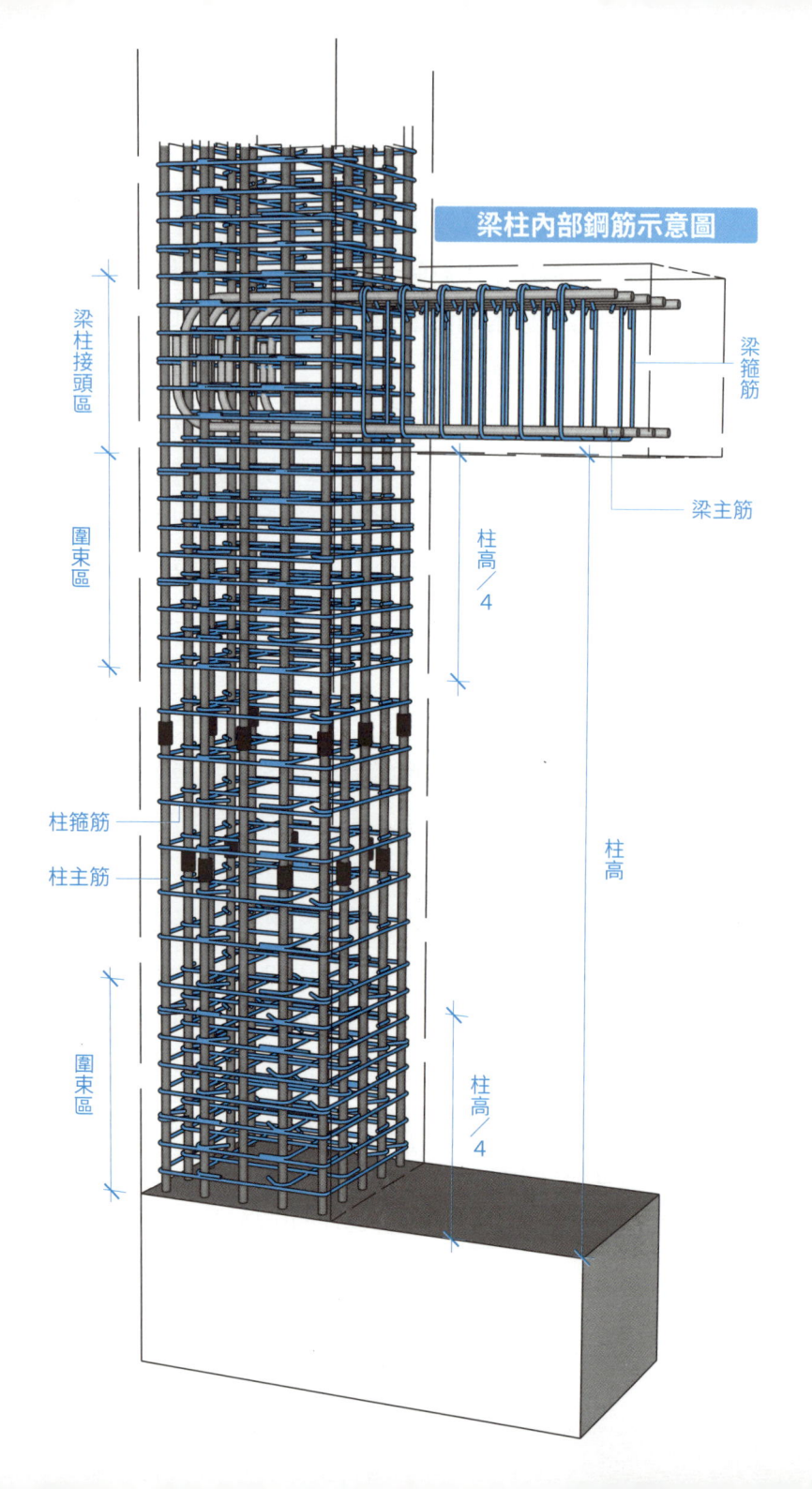

- 梁柱接頭區
- 圍束區
- 柱箍筋
- 柱主筋
- 圍束區
- 梁箍筋
- 梁主筋
- 柱高/4
- 柱高
- 柱高/4

耐震彎鉤與箍筋配量的重要

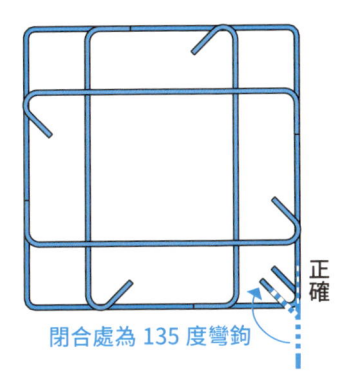

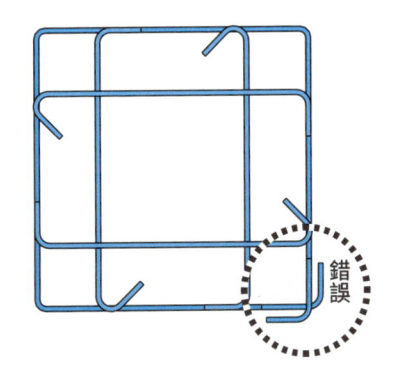

正確　閉合處為 135 度彎鉤

錯誤

▲左圖柱箍筋閉合處彎 135 度是正確的施工,右圖柱箍筋閉合處為 90 度彎鉤,強烈地震來襲時柱子會爆開。

▲建築工人正在綁紮柱箍筋,閉合處彎 135 度才有耐震功能。

剪力破壞（見「梁的兩種破壞型式」圖示）所產生的開裂一般是斜裂縫或交叉裂縫。若是因地震而產生剪力破壞，且地震搖晃持續的時間久，梁的混凝土會在破壞發生後接著被震碎剝落，容易造成梁的瞬間斷裂，進而導致房屋突然坍塌，危及人命安全。因此，剪力破壞是一種無預警的脆性破壞型態。

耐震設計的目標是，即使建築物遭逢罕遇的大地震而震毀時，也不容許任何梁或柱在強震中「剪力破壞」比「彎曲破壞」先發生，這樣才能確保建築物大震不倒，讓住戶有逃生的時間和空間，這是韌性設計最重要的基本原則之一。要達到這一設計目標，建築結構體必須確實遵照耐震韌性設計規範設計興建。

臺灣和日本一樣，在 1980 年代初期修訂建築結構設計規範，引進耐震設計的規定，但日本禁得起 1995 年阪神地震的考驗，我們卻禁不起 1999 年 921 地震的考驗，關鍵就在有沒有真正落實規範的要求。

日本不只以嚴謹的態度，將規範落實在新建物的設計和施工上，而且在阪神震災後，立即擬訂針對老舊建築的耐震評估和補強計畫，訂定 2015 年達成率 90% 的目標，因此在 2011 年東日本發生 311 震災時，罹難的人數中絕大部分死於海嘯，因房屋倒塌和火災而罹難的人數占比僅約 4.4%。

值得注意的是，日本政府在訂定補強計畫時，並沒有把

1981年以後興建的建築物納入補強範圍內,他們相信只要確實依照規範設計及施工,就可在強烈地震來襲時保障居住者的生命安全。這一點在2011年3月11日東日本大地震時得到印證。

梁的兩種破壞型式

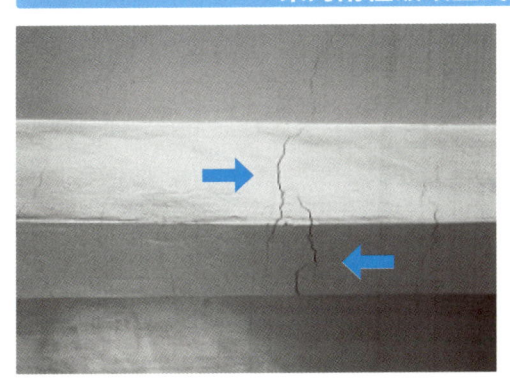

◀梁跨中央沿著梁斷面兩側及下方產生垂直及水平裂縫,這種破壞型態稱為「彎曲破壞」,是一種有延性的破壞型態。

▶大梁端部混凝土出現斜裂縫,這種破壞型態稱為「剪力破壞」。嚴重的剪力破壞可能導致梁瞬間斷裂坍塌,危及人命安全。

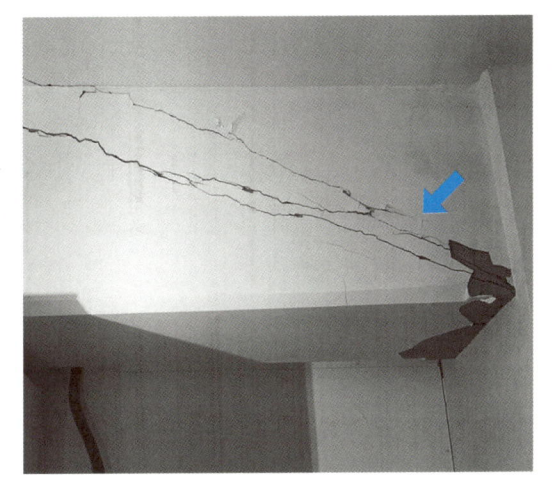

第1章｜什麼是建築物耐震設計？ 25

安全宅要點

1. **房屋結構需要強度與韌性並重**：在地震頻繁的臺灣，房屋結構的設計複雜得多。建築物的結構體除了必須承受自身的重量和風力外，還要抵抗地震力的衝擊。

2. **韌性設計可確保大震不倒**：有韌性的結構體具有足夠的變形能力，遇到較大幅度的地震搖晃時，不容易被震斷或壓碎。遇到罕見大地震時，也不會瞬間倒塌，住戶能有逃生的時間和空間。

3. **箍筋間距與耐震彎鉤**：為了確保地震時柱子不會爆開，及梁柱接頭不損壞，箍筋間距必須足夠緊密，而且箍筋閉合處必須彎成 135 度的「耐震彎鉤」。

2 我的房子能抗幾級地震？

2024 年 4 月 3 日上午 7 點 58 分，花蓮外海發生芮氏規模 7.2 的地震，除了震央所在地花蓮有多棟房屋倒塌或震毀，造成人員傷亡外，各地也傳出不少災情。大家都很關心「我的房子能抗幾級地震？」這是結構技師常被問到的問題，但卻是很難用三言兩語說清楚。

在回答問題之前，我們先來弄清楚「地震規模」和「地震震度」兩者的區別，一般人很容易將它們混淆。

地震的「規模」與「震度」

每當地震來襲後，中央氣象署都會在三分鐘內發布地震位置、地震深度、地震「規模」和各地最大「震度」。以 2024 年 4 月 3 日花蓮外海發生的地震為例，在中央氣象署發布的即時地震報告中，芮氏規模為 7.2，震度則以花蓮縣

中央氣象署地震報告

中央氣象署地震報告	
編號：	第113019號
日期：	113 年 4 月 3 日
時間：	7 時 58 分 9.9 秒
位置：	北緯 23.77 度，東經 121.67 度
	即在 花蓮縣政府南南東方 25.0 公里
	位於 臺灣東部海域
地震深度：	15.5 公里
芮氏規模：	7.2

各地最大震度（採用109年新制10級震度分級）

花蓮縣和平	6強	臺東縣長濱	4級	高雄市	3級
花蓮縣花蓮市	6弱	嘉義縣阿里山	4級	屏東縣屏東市	3級
宜蘭縣南澳	5強	雲林縣草嶺	4級	澎湖縣馬公市	3級
宜蘭縣宜蘭市	5強	高雄市桃源	4級	臺南市	3級
苗栗縣竹南	5強	臺中市	4級	連江縣馬祖	2級
臺中市梨山	5弱	苗栗縣苗栗市	4級	金門縣金門	1級
彰化縣員林	5弱	嘉義市	4級		
新竹縣關西	5弱	新竹市	4級		
南投縣奧萬大	5弱	臺南市東山	4級		
桃園市大溪	5弱	嘉義縣太保市	4級		
新北市三峽	5弱	雲林縣斗六市	4級		
新竹縣竹北市	5弱	基隆市	4級		
桃園市	5弱	南投縣南投市	4級		
彰化縣彰化市	5弱	屏東縣九如	4級		
臺北市	5弱	臺東縣臺東市	4級		

圖說：★ 表震央位置，數字表示該測站震度
附註：沿岸地區應防海水位突變

本報告係中央氣象署地震觀測即時地震資料地震速報之結果。

　　和平鄉觀測到的「6強」為最高，其他各地的震度以震央為中心，向外隨著距離變遠而逐漸遞減。

　　地震是因為地殼板塊運動相互擠壓，引起地殼岩層斷裂錯動，長期累積的能量瞬間釋放出來而發生。地震時岩層內最早發生錯動之處稱為「震源」，震源正上方的地表位置稱為「震央」，即中央氣象署地震報告中的「位置」。震央與震源之間的距離稱為「震源深度」，即地震報告中的「地震深度」，以公里為單位。

地震規模（magnitude） 指地震「釋放出來的能量」，全球有數種量度規模的不同方法，臺灣採用「芮氏規模」，直接用數字表示而不加單位，並顯示到小數第一位，例如921集集地震為芮氏規模7.3。

地震規模每增加0.2，釋放的能量約增加1倍；規模相差1.0，釋放的能量相差約31.6倍；規模相差2.0，釋放的能量相差約1000倍。例如規模6.0的地震所釋放的能量，約為規模5.0的31.6倍；規模7.0的地震所釋放的能量，與規模5.0相差約1000倍。規模8.0的地震所釋放的能量，則與規模5.0相差高達3萬2000多倍。

震源、震央、震源深度

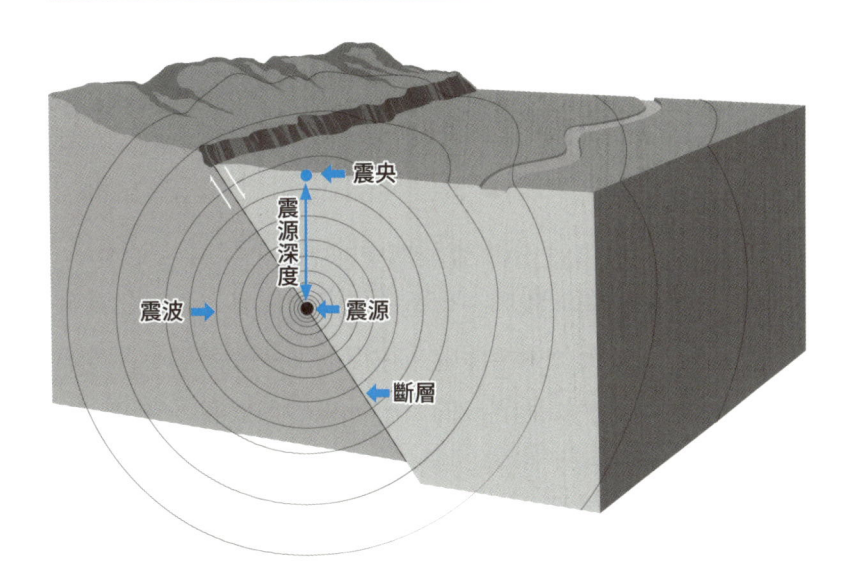

中央氣象署常用相當於幾顆廣島原子彈爆炸的威力，來描述地震所釋放的能量，例如規模 6.0 相當於 0.5 顆、規模 7.0 相當於 15.9 顆、規模 7.5 相當於 89.4 顆、規模 8.0 相當於 502.7 顆等。

但地震「規模」無法反映地震時地表搖晃的程度和災情，例如規模 7.0 的地震，發生在距地表 10 公里內和發生在 100 公里深處，所引起的地表搖晃程度和造成的災害就相差很遠。規模達 7.3 的 921 地震，因為震央在陸地，且震源深度僅 8 公里，所以引發近代臺灣最嚴重的震災。

震源深度在 0 至 30 公里的極淺層地震，即使是中等規模，也會引起嚴重的震災，例如 2011 年紐西蘭基督城發生規模 6.3 的地震，因震源深度僅 5 公里，造成紐西蘭史上最嚴重的震災。2016 年臺灣規模 6.6 的高雄美濃地震，和 2018 年規模 6.2 的花蓮地震，因震源深度分別僅為 14.6 公里與 6.3 公里，因此震央附近的震度都達到 7 級，造成屋倒人亡的嚴重災情。

震度（intensity）指地震時地面的「搖晃程度」及對人、房屋和地況的影響。我們在地震時感受的搖晃，是因為震源傳來的地震波，突然對地面造成往復的加速度所引發，地震學家因此用「地表加速度」的大小，來衡量地震「震度」的大小。歐美及中國大陸將震度分成 0 至 12 級，臺灣沿襲日治時代的習慣分成 0 至 7 級，0 級為無感地震。但中央氣象

地震震度的影響因素

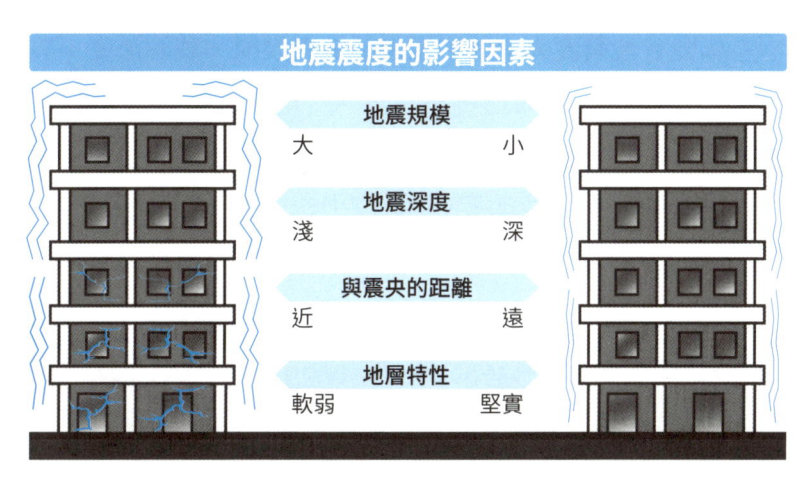

- 地震規模：大 — 小
- 地震深度：淺 — 深
- 與震央的距離：近 — 遠
- 地層特性：軟弱 — 堅實

▲地震規模愈大、震源深度愈淺、離震央距離愈近、地質愈軟弱，感受到的震度愈大，對建築物的破壞力也愈大。

署自 2020 年起，綜合考量地震時的「最大地表加速度」和「最大地表速度」兩項觀測數值，將 5、6 級再細分為 5 弱、5 強及 6 弱、6 強，最高震度仍為 7 級[*]。

想像我們正在搭一輛以時速 60 公里行進的公車，如果司機突然緊急煞車，使車子在三秒內完全停止，此時在公車上感受到的衝擊，大約就相當於 7 級的地震震度。沒有繫安全帶的乘客，會整個人往前，撞擊到前方椅背或擋風玻璃，站著的乘客應該都會跌倒，即使沒受傷也會受到相當程度的驚嚇。

---

[*] 震度總共分成 0、1、2、3、4、5 弱、5 強、6 弱、6 強、7 等十個等級。

第 2 章｜我的房子能抗幾級地震？　31

影響各地震度大小的因素包括地震規模、震源深度、與震央的距離、該地的地質特性等。一般來說，地震規模愈大、震源深度愈淺、離震央距離愈近，或是地質愈軟弱，感受到的震度愈大，對建築物的破壞力也愈大。

如前所述，地震「規模」的大小，無法反映地震時地表搖晃的程度和可能造成的災情，因此建築物耐震規範採用「震度」的大小，做為建築物的耐震設計標準。以下提到「地震」時，除非特別指明是規模，否則均指「地震震度」。

耐震設計基本原則

現行建築物耐震設計規範只訂定了「耐震設計基本原則」，沒有明文規定建築物必須抗幾級地震。一般人看不懂「耐震設計基本原則」裡的專業術語，政府和專家因此常用白話口訣「**小震不壞、中震可修、大震不倒**」來向社會大眾解釋其中意涵。

現在的科技雖然可以建造強固的建築，如核電廠機組的廠房，遇罕見大地震仍然不會壞。但考慮社會資源有限和購屋者的負擔能力，不可能將住屋都比照核電廠設計建造，因為這樣蓋出來的房子，梁柱都會很粗壯，牆也會像碉堡一樣厚，不但昂貴，而且占用很多使用空間，恐怕很少人願意住在裡面。因此全世界的耐震規範，都是在安全與經濟之間求

取平衡點。

愈小的地震，發生頻率愈高。愈大的地震，重現週期愈長，在建築物使用年限內遇到的機率愈低。各國的耐震規範大多以每475年預期會發生一次的「最大地震震度」，做為建築物抗震設防的基準，這個基準在我國耐震規範中的正式名稱是「設計地震」，但為了有助於讀者了解，本書將其稱為「設防震度」。

設防震度如何訂定？由地震工程學家根據新建物所在地的地震觀測歷史紀錄、地盤構造、距活動斷層遠近及斷層活動性等資料，運用地震危害度分析方法訂定出來，所以每個地區的設防震度大小都不一樣。

假定新建物的預期使用年限為50年，新建物所在地在未來50年內，因地震侵襲所引發的震度，會超過475年一遇的「設防震度」的可能性只有10%，有90%的機率不會超過。

遵循耐震規範興建的建築物，如果遇到設防震度這樣大的地震，只會局部受損，主要結構體不會產生大的破壞，經過修繕或補強後仍可能繼續居住。換句話說，「設防震度」即白話口訣「中震可修」所稱的「中震」。

耐震設計不良的建築可能造成嚴重損傷，甚至倒塌，例如921大地震時，臺北市的東星大樓如千層派般崩塌，倒塌後樓層間的空隙不到20公分，連災後搶救都很困難；2016

年美濃地震時，臺南市維冠金龍大樓瞬間倒塌平躺在地，裡面的住戶來不及逃生。

但只要確實遵照耐震規範設計和興建，梁柱等主結構體就會有穩定的大變形能力——也就是具有韌性，在大地震中不會突然斷裂。即使遭受 2500 年一遇的罕見大地震侵襲，房屋可能震毀，卻不會突然崩塌，此即所謂的「大震不倒」。在建築物預期的 50 年使用年限內，只有約 2% 的機率會遭到 2500 年一遇的罕見大地震侵襲。

依規範設計興建的建築可抗幾級地震？

因為每個地區過去觀測到的地震歷史紀錄不同，所以地震工程學家為每個地區訂定的「設防震度」也不同。以臺北

房屋耐震設計的標準		
小震不壞	**中震可修**	**大震不倒**
根據歷史地震統計，當地平均每 30 年發生一次的最大地震，其強度不會使建築物受損。在地震過後，建築物能夠維持正常機能。	根據歷史地震統計，當地平均每 475 年發生一次的最大地震，其強度只會使建築物局部受損，但經過修繕之後，建築物仍然可以居住。	根據歷史地震統計，當地平均每 2500 年發生一次的最大地震，其強度可能使建築物全面受損，但不會倒塌，大樓裡的人仍然可以逃離。

盆地和花蓮市（假設距離最近的活動斷層不到一公里）為例，臺北盆地的設防震度為 0.24 g[*]，相當於 5 級地震；花蓮市為 0.456 g，相當於 7 級地震。換句話說，在花蓮市的房屋，必須設計成可抵抗更大的震度。

房屋如果依照耐震規範設計與興建，遇到平常的中小地震應不會有任何損壞；當遇到超過「設防震度」的地震，雖然可能產生一些損壞，但經過修復後仍可繼續居住。如果遇到超過「設防震度」很多的罕見大地震，房屋可能震毀，但不會突然崩塌，能讓住戶有逃生的機會。這就是所謂「小震不壞、中震可修、大震不倒」的耐震設計基本原則。

因此我們可以這樣說：遵照耐震規範設計興建的新房屋，在臺北盆地可以抗 5 級地震，在花蓮市（假設新房屋離活動斷層距離不到一公里）可以抗 7 級地震。若遇到更大的地震侵襲，房屋可能震毀，但不會突然崩塌。

臺北盆地與花蓮市的設防震度

地區	對應於設防震度的有效地表加速度	相當幾級震度
臺北盆地	0.240 g = 0.240 x 981 = 235 cm/sec^2	5
花蓮市	0.456 g = 0.456 x 981 = 447 cm/sec^2	7

---

[*] g 是重力加速度的意思。一個物體自空中落下，受地球重力影響時所產生的加速度為 1 g，大小為 981 cm/sec^2。

臺北盆地與花蓮市的房屋雖然抗震級數不一樣，但在未來 50 年內，都只有 10% 的可能，會遇到超過它們抗震級數的地震，所以保障我們生命和財產安全的抗震設防標準是一樣的。

如前表所示，臺北盆地新建案的設防震度為 0.24 g，相當於地表加速度為 235 cm/sec^2，即 5 級震度。有些建商會要求結構技師把設防震度提高 1.07 倍：

$235 \times 1.07 = 251$ cm/sec^2

剛好達 6 級震度標準。但實際上，建商只需要在梁柱內增加少許鋼筋。只增加些微成本，就對外廣告稱其建案可以抵抗 6 級地震，但建案的耐震能力其實並沒有顯著提升。

人類自 1890 年代起（臺灣自 1897 年 12 月 19 日起）才開始有現代化地震觀測儀器，因此各地區的地震觀測紀錄歷史都不超過 150 年，地震工程學家只能利用有限的觀測紀錄來建立預測模型，推估 475 年一遇的最大地震，或 2500 年一遇的最大地震，準確度自然受到限制。

無論是日本 1995 年的阪神地震或 2011 年的東日本 311 地震、臺灣 1999 年的 921 地震、中國大陸 2008 年的汶川地震，及海地 2010 年的大地震等，都超過地震學家原先預估的規模，因此地震工程學家常會根據新增加的觀測紀錄，建議提高建築物的耐震設防標準，如臺灣在 921 地震後，也大幅提高各地的耐震設計標準。

若不是 921 地震後興建的房子，怎麼辦？

1999 年 921 地震後，政府全面提高建築物的設防震度，因此社會上普遍認為 921 地震後興建的房屋才是安全的，但 921 地震後興建的房屋僅占房市的一小部分，新建案的房價也不是所有人都負擔得起，那怎麼辦？

921 地震前興建的房屋可能禁不起大地震的考驗，主要原因是未將 1982 年頒布的耐震規範落實在設計上，以及施工不確實。1995 年日本阪神地震和 2011 年東日本大地震時，當地的震度都比耐震規範規定的設計標準大很多，但根據日本 1981 年規範興建的房屋並沒有造成太多人命傷亡，關鍵在於耐震規範能夠落實。

臺灣在 921 地震前興建的建築物，普遍沒有落實耐震規範的規定，但重災區的房屋還是有很多沒倒塌，這是什麼原因？其中一個原因是，很多在設計時沒計入貢獻的牆面幫忙發揮了抗震保命的功能，另一個原因是，沒倒塌的房屋大致上格局都比較對稱方正。

耐震規範最重要的基本原則是，避免建築物平面格局和立面外觀的不規則，這樣可避免地震力集中在少數梁柱上，造成局部的梁柱斷裂後發生連鎖反應，以致房屋倒塌。根據國家地震工程研究中心和結構技師公會等對 921 地震和後來幾次震災的調查，倒塌房屋的空間設計和梁柱配置，絕大部

分嚴重違反耐震規範的基本原則,因此在選購中古屋時,應盡量選擇格局對稱方正的建築物,避免外觀和格局看起來有重大耐震缺陷的房屋。即使是選購 921 地震後興建的房屋,這一點仍然非常重要。

安全宅要點

1. **地震破壞力要看「震度」**:震度指地震時地面的「搖晃程度」及對人、房屋和地況的影響。地震規模愈大、震源深度愈淺、離震央距離愈近,或地質愈軟弱,震度愈大,對建築物的破壞力也愈大。

2. **耐震設計基本原則**:小震不壞、中震可修、大震不倒。以每 475 年預期會發生一次的「最大地震震度」做為建築物抗震設防基準。遵循耐震規範設計興建的建築,在此震度之下只會局部受損,若逢罕見大地震也不會突然崩塌。

3. **每個地區的設防震度不同**:每個地區過去觀測到的地震歷史紀錄不同,所以地震工程學家為每個地區訂定的「設防震度」也不同。房屋耐震設計需視地區而定。

3 我住的大樓會與地震共振嗎?

　　1849 年,在法國昂熱市一座 102 米長的大橋上,有一隊士兵經過。當他們邁著雄壯威武的整齊步伐過橋時,橋梁突然劇烈搖晃終至斷裂,造成兩百多名官兵和行人墜橋喪生。事後調查顯示橋梁並沒有超載,究其原因,是因為大隊士兵邁著正步過橋時,邁一步的時間間隔正好與大橋的「自然振動週期」一致,因而引起橋梁共振,使得橋梁的搖晃不斷增強,當搖晃幅度大過橋梁的承受能力,橋就垮了。

　　類似的事件在英國和俄國也曾發生,因此現在部隊過橋時,指揮官都會下令「便步走!」

什麼是「共振」?

　　在這裡先用小朋友盪鞦韆來解釋什麼是「共振」。相信大家在國中物理課都學過單擺原理,盪鞦韆就是一個擺動的

單擺。假如一位小朋友坐在盪鞦韆上,來回盪一次所需的時間是三秒,你推他一把後如果沒再繼續推,他來回擺盪的幅度會愈來愈小,直到最後停止。但不管幅度大小,每次擺盪的週期都是三秒,並不會改變,這個週期就稱為鞦韆的「自然振動週期」。

現在再假設小朋友每次盪回來的時候,你都輕輕推他一把,也就是每三秒推他一次,所以你「推小朋友的週期」跟鞦韆的「自然振動週期」是一樣的,這時你會發現小朋友愈盪愈高,也就是鞦韆擺盪的振幅愈來愈大,這正是「共振」所引起的效應。

自然界裡的任何物體都有它的自然振動週期,當物體受外力時都會以自然振動週期振動。比如很多女高音樂手表演過用歌聲震碎玻璃杯的功力,這是因為女高音發聲所產生聲波的週期,與玻璃杯的自然振動週期一致,產生共振所引起的現象。

大樓與地震的共振

1985 年墨西哥海域發生規模 7.8 的地震,震央鄰近地區並沒有太大的災情,但離震央 400 多公里的墨西哥市,有三分之一的建築物倒塌,化為一片瓦礫,其中倒塌最嚴重的是 6 至 14 樓的建築物,15 樓以上的建築物反而損害較輕。震

災原因調查指出，肇因是墨西哥盆地與建築物的雙重共振作用。由於 6 至 14 樓建築物搖晃一次的間隔時間，與地震波侵擊建築物的間隔時間一致，因而造成這些建物大量倒塌。

隔年，1986 年 11 月 15 日，臺灣花蓮發生規模 6.8 的地震，震央附近雖有災情但沒有房屋倒塌，反而在百公里之外的臺北地區，造成中和華陽市場等多棟房屋倒塌及民眾傷亡。臺北地區和墨西哥市一樣，坐落於古臺北湖沉積而成的臺北盆地上，兩地的地震災情與所謂的「盆地效應」有關。

當地震發生時，地震波自震央往外傳播，地震波包含各種不同高低頻率的震波。頻率和波長有倒數關係，高頻的震波波長較短、穿透力差，在傳播過程中衰減較快；低頻的震波波長較長、對障礙物的穿透力強，不容易衰減，就好比大象低沉的吼叫聲可穿透叢林，傳播到十餘公里之外。同理，當地震波自震央向外傳播時，雖然會隨著距離而衰減，但低頻震波部分可穿透岩層，傳播到遠方。

當低頻的地震波自堅硬的岩盤進入盆地後，盆地內鬆軟的沉積土層會放大地震波的振幅，也就增大了地表的震度，以及地面建築物的搖晃程度。

此外，當地震波遇到盆地邊緣堅硬的岩盤時，會反射回來，被限制在盆地內來回振盪，因此延長振動持續的時間，這就像搖晃盛著果凍的碗，當碗停止搖晃時，果凍會繼續在碗裡振盪。這就是所謂的「盆地效應」。

當地震波在盆地內來回振盪一次的週期,剛好與建築物搖晃一次的自然振動週期一致時,會與建築物發生共振,大大增加建築物搖晃的幅度,若超出建築物的承受能力,建築物就可能嚴重破壞,甚至倒塌。

臺北盆地效應與大樓共振

臺北盆地底下的岩盤深度各處深淺不一,愈往盆地西側愈深,最深可達 700 公尺,因此盆地內鬆軟土層的厚度也是各處不一樣。根據地震觀測站的資料分析,地震波在盆地內振盪的週期為 1.2 至 1.6 秒,而樓高為 12 至 16 層的建築物,自然振動週期正好介於 1.2 至 1.6 秒的範圍,容易因盆地效應引起共振。

有鑑於 1985 年墨西哥大地震的盆地效應,以及 1986 年花蓮外海地震造成大臺北地區嚴重災情時,也觀測到盆地效應,因此內政部於 1989 年修訂建築物耐震設計規範時,增訂盆地效應的考量,將臺北盆地另外劃分為特別震區,提升樓高 16 層以下中低層建築物的設計地震力。

例如,假設兩棟格局和結構型式完全相同的 14 層鋼筋混凝土造住宅大樓,分別在新北市新莊區和花蓮市設計興建,雖然新北市新莊區的抗震設防基準為地表加速度 0.24 g(相當於 5 級震度),低於花蓮的 0.456 g(假設靠近活動

斷層，相當於 7 級震度），但新北市新莊區的 14 層大樓所需設計的梁柱斷面大小，粗壯度並不低於坐落在花蓮市的 14 層大樓所需，甚至需要更為粗壯。這是將臺北盆地效應與大樓共振因素計入結構耐震設計考量的緣故。

臺北盆地是怎麼形成的？

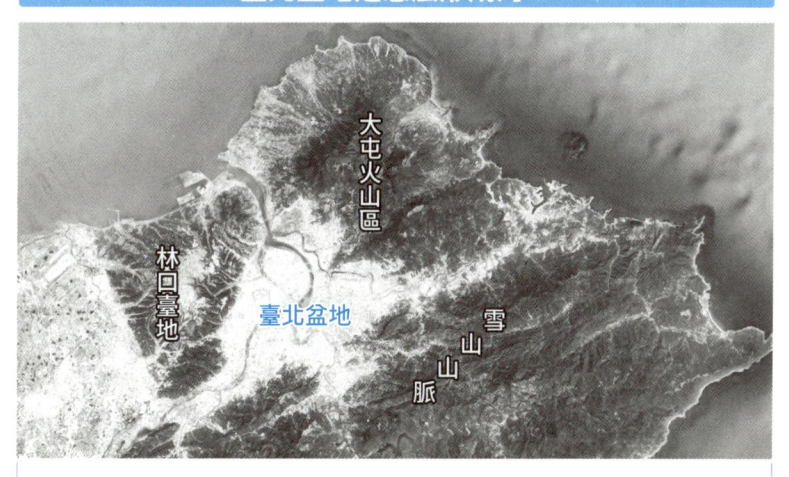

盆地是指四周為山地或高原所環繞、中央為低陷丘陵或平原的地形構造，臺北盆地大約在 40 萬年前形成。20 萬年前，大屯火山區大規模噴發，熔岩阻斷淡水河的出海口，使得臺北盆地堰塞形成古臺北湖。直到 3 萬年前，淡水河切穿熔岩阻擋，再度注入海洋，古臺北湖的湖水才逐漸褪去。經過將近 20 萬年的汙泥沉澱，臺北盆地演變成現今周圍山區地盤堅硬、盆地中央為鬆軟黏土層的地質結構，黏土層最深處達 700 公尺。

在臺北老舊建築中，樓高 12 至 16 層的大樓正好占有很高的比例，而且很多都不是根據 1989 年後的耐震規範設計興建，都更或危老重建又困難重重，那怎麼辦？

我還是叮嚀大家裝修房子時不要隨意拆牆。因為牆面可以在強震時發揮抗震作用，彌補主結構體抗震能力的不足。但也不宜隨意增加牆面（如隔成套房出租），這樣會增加建築物的重量，連帶增加地震力。

此外，12 至 16 樓建築物的自然振動週期大約為 1.2 至 1.6 秒，是以梁柱構架為建築主結構體估算出來的，但一般中低層大樓都有鋼筋混凝土結構外牆和隔戶牆、磚牆等，如果牆面沒被震壞，這些老舊大樓的自然振動週期約為上述估算值的 70% 以下，大致不到 1 秒。如果地震沒有大到使大樓牆面嚴重破壞，大樓的振動週期並不會與盆地振盪週期一致而發生共振。

大家可能會問，為什麼耐震設計不考慮牆面的功能？因為萬一遭遇罕見的大地震來襲，大樓的牆面會率先震壞，大樓的梁柱構架必須能夠抵抗共振產生的強烈搖晃而不倒塌。

反過來說，如果隨意大量拆除大樓的牆面，等於自己拆除了對抗大樓共振的第一道防線，得不償失，不得不慎。

安全宅要點

1. **共振是自然現象：** 任何物體都有自然振動週期，受外力時，若外力的週期與物體的自然振動週期一致，就會發生共振。

2. **有盆地效應的地區，建築物必須更耐震：** 盆地內鬆軟的沉積土層會放大地震波的振幅，增大建築物搖晃程度。地震波被限制在盆地內來回振盪，則會延長振動持續的時間。

3. **牆面可在強震時發揮抗震作用：** 臺北盆地內 12 至 16 樓的建築易因盆地效應而引起共振，但牆面能提供對抗共振的第一道防線，並彌補老建築主結構體的抗震能力。不可隨意拆牆。

4 哪些房子不耐震？

1999年921地震，造成全臺2496人罹難、1萬多人受傷，超過10萬戶房屋受損。倒塌造成嚴重住戶死傷的建築物，很多是興建完成於1990年代，在當時是屋齡還不到10年的集合住宅大樓。會發生這樣的現象，絕非偶然。

1984年，政府公布「未實施容積管制地區綜合設計鼓勵辦法」，即所謂的開放空間獎勵辦法。建商若於建築基地一樓留設開放空間，供公眾通行和休憩，這些一樓空間不但不需納入容積計算，最高還可以獲得30%的獎勵容積。這原本是政府、建商和民眾三贏的局面，但政府一方面對建商釋放了利多，另一方面卻忽視了保護民眾的配套措施。

因為一樓設計成開放空間，所以除了電梯間牆外，只有少數、甚至沒有其他牆面。且建商往往將一樓開放空間的樓板挑高設計，完工後加上落地門窗，變成氣派的門廳。這樣的設計可以獲得額外的容積獎勵，同樣的建築基地可以蓋更

多戶數或更大坪數的住宅，當成豪宅賣。這就是所謂一樓挑高挑空的開放空間大樓。

一樓只有挑高的柱子，缺少可以協助承擔地震力的牆面，而政府的容積獎勵又允許讓房子蓋得更高，使得大樓頭重腳輕。這類大樓如果沒經過嚴謹的結構加強設計，就會成為結構專業上稱為「**軟弱底層**」的大樓，俗稱軟腳蝦建築，地震時很容易倒塌。此外，為了配合開放空間庭園的設計，在建築平面配置的規劃上常偏向於 L 型、H 型或 U 型，也都是不利大樓結構抗震的設計。

在 921 地震中倒塌及嚴重損毀的住宅大樓，絕大部分是根據 1984 年公布的開放空間獎勵辦法，於 1991 到 1995 年間蓋成的大樓，其中多棟造成嚴重的人命傷亡。由於倒塌造成 14 位住戶罹難的雲林斗六中山國寶集合住宅，1994 年還獲得建築界最高榮譽的「建築金獎」。

此外，2016 年美濃地震中倒塌的臺南市永康區維冠金龍大樓，造成了臺灣地震史上單棟建築物最多人（115 人）罹難，此建築於 1995 年建成。在 2018 年花蓮地震中倒塌、造成 14 位民眾罹難的雲門翠堤大樓，則是興建完成於 1994 年。以上建築物都是根據開放空間獎勵辦法蓋成的挑高挑空大樓。

這些大樓之所以會屋倒人亡，除了政府於 1984 年實施的開放空間獎勵辦法，造成很多建築物在規劃設計上先天不

良，另一個原因就是不遵守耐震規範，在設計及施工上偷工減料，這也與政府的建管制度有關。

1983年8月豐原高中禮堂倒塌，造成上百名學生死傷，適逢國家賠償法在1981年開始實施，政府為此賠償死傷學生的家屬新臺幣3049萬元。或許建管機關預見未來可能擔負國家賠償的高度危機，行政院在豐原高中禮堂倒塌隔天就通過建築法修正草案，並提送立法院三讀通過。

這項修正案表面上是加重建築師和技師的責任，以保障公共安全，實際上卻是政府放棄對建築物設計和施工的審查和監督責任。這樣所謂的「行政與技術分立制度」，在921地震後，果然成為建管機關司法攻防上卸責的理由。

地震災害與我國類似的日本，雖然也有「行政與技術分立制度」，但其內涵是為了確保建管機關內，建築審查人員執行技術審查的獨立性，排除行政長官的干擾和裁量，與我們完全放棄國家監督責任不同。921地震時，日本建築結構學者專家來臺所做的災情分析就指出，臺灣雖然提高了建築物的設計地震力規定，但是50公尺以下的建築，結構設計沒有人審查而只有簽證，這種制度和日本差異很大。臺灣一般的結構設計沒有審查機制，實有待改善。

人民對房屋品質良窳欠缺分辨的專業能力，因信任政府核發的建築執照和使用執照而購屋置產，政府卻放棄對建築物結構安全該有的監管責任。政府對於建築物結構安全憚於

承認其國家責任，既不敢管，也不想管，民眾購屋或選屋居住時只好自求多福。

　　本書歸納一般民眾憑肉眼即可判斷，先天建築規劃不利耐震的幾種建築物型態如下，供大家參考。

一樓為軟弱層型建築

　　如前所述，一樓挑高挑空的開放空間大樓是典型的一樓為軟弱層型大樓。地震時，大樓在地震波的作用下，呈現前後或左右水平方向的搖晃，一樓柱子是承受地震力衝擊最大的地方，就好像你拿著一條鞭子往空中甩動，你握住鞭子的手，會感受到鞭子底部傳來強大的往復衝擊力。

　　如右頁圖示，如果建築物二樓以上的樓層都有很多牆面，但一樓的牆面卻很少，當地震來時，二樓以上的樓層有牆面可以分擔地震力，一樓卻只由柱子單獨承受地震力的衝擊，整棟大樓在地震時的水平搖晃幅度在一樓會被放大，一樓的柱底和柱頂很容易因為受到過大的地震力而破壞，最後導致房子崩塌。

　　右頁下圖為一棟一樓軟弱層型建築物，在 921 地震中破壞的情形。如果地震繼續搖晃，這棟大樓就會倒塌。值得一提的是，這棟建物一樓的高度與其他樓層沒有太大差異，如果有挑高的情形，例如由正常的 3.6 公尺挑高到 5 公尺，一

一樓軟弱層型建築

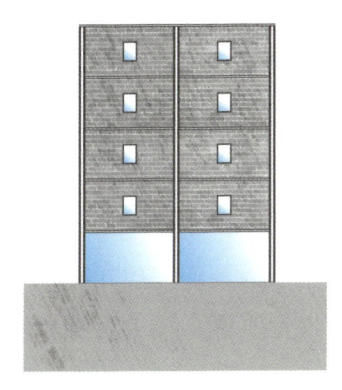

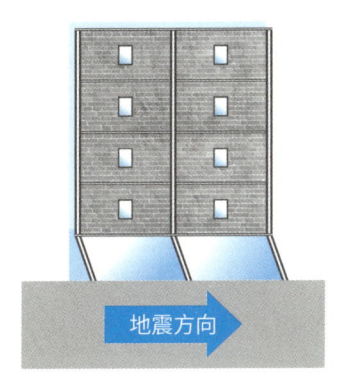

地震方向

▲一樓牆面稀少的開放空間大樓，屬一樓軟弱層型建築。地震時，一樓水平搖晃幅度會加大，容易產生破壞而倒塌。

▲本建物因一樓牆面數量較其他樓層少許多，形成軟弱層，在 921 地震時發生嚴重破壞，必須拆除。

樓柱子在地震時會受到更加嚴厲的考驗，受力將大幅增加，如果沒有特別的加強設計，柱子很容易被震垮或折斷，造成大樓倒塌。2016 年美濃地震倒塌的維冠金龍大樓，2 樓至 16 樓的樓層高度都為 3.2 公尺，一樓則樓高達 5.5 公尺，就是典型挑高挑空不耐震的大樓。

會造成底層軟弱的現象，除了先天建築規劃設計不當外，既有老舊建築的一、二樓被任意拆除牆面，這些後天形成的底層軟弱建築也非常危險。這也是我們一再警告隔間牆不可隨意拆除的原因。

平面配置不規則的建築

建築平面配置**規則又對稱**，是耐震設計最重要的基本原則，這樣才能確保地震時建築物的每根梁、每支柱平均分擔地震力。我們期待大樓在地震來襲時，只呈現前後或左右的搖晃，但如果是建築平面配置不規則的大樓，例如平面配置為大 U 型、大 L 型、大 T 型的建築物，地震時除了前後左右搖晃外，還會扭轉。這樣的大樓在轉角處的梁柱，會受到反覆的擠壓和拉扯，造成這些梁柱先破壞，隨後引起其他梁柱破壞的連鎖反應，進而導致大樓崩塌。

因為建築基地的關係，不容易要求每棟建築物都蓋得方方正正，但應該避免大 U 型、大 L 型、大 T 型的平面配置。

地震對平面配置不規則建築的影響

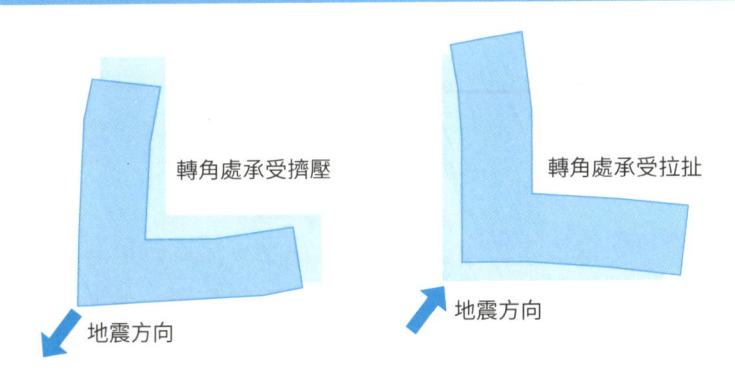

轉角處承受擠壓　　　　轉角處承受拉扯

地震方向　　　　　　　地震方向

▲ 平面配置為大 U 型、大 L 型、大 T 型的建築物,地震時除了前後左右搖晃外,還會扭轉,使得轉角處的梁柱受到反覆擠壓和拉扯,容易造成轉角處梁柱破壞並引起結構體連鎖破壞。

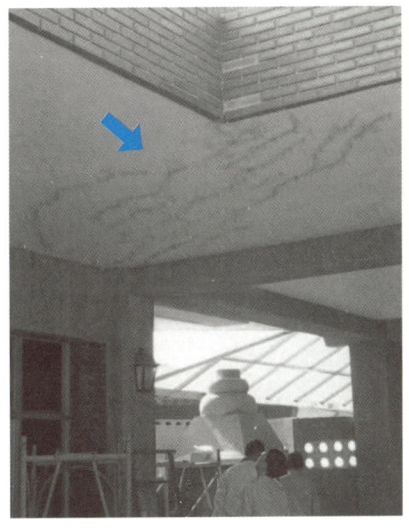

▲ L 型平面配置的大樓在 921 地震時轉角處破壞的情形。

但要如何判斷是否為大 U 型、大 L 型、大 T 型的平面配置呢？判斷方式為：

「退縮長度 A」除以「建物該邊尺寸 L」。

若 A/L 大於 15%，則屬於平面不規則結構，在選購房屋時應該盡量避開。

就算建築物的平面為正方型或矩型等規則的形狀，建築耐震規範也要求大樓的柱子和牆面要對稱配置。雖然完全對

大 U 型、大 L 型、大 T 型平面配置

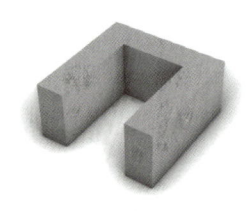

▲從左而右分別是大 U 型、大 L 型、大 T 型的平面配置，屬於耐震力差的建築平面配置。

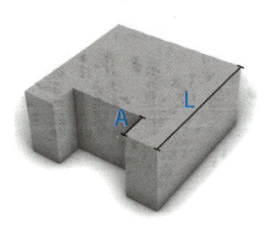

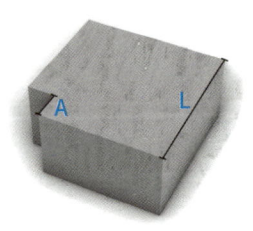

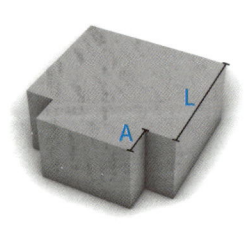

▲A 為退縮長度，L 為建物該邊尺寸，A/L ≦ 15% 是耐震規範允許的建築平面配置。

稱的配置不容易做到，但還是要盡量對稱。電梯和樓梯的位置盡量設計在整棟大樓的中央，如果無法位在中間的位置，或是有兩座以上的電梯或樓梯，則盡量位在對稱的位置。同一樓層內的牆面也要力求對稱配置，才不會成為不耐震的建築物。

以 2016 年倒塌的維冠金龍大樓為例，維冠大樓不但是挑高的軟腳蝦建築，而且建築平面呈大 U 型配置，為了當大賣場，還拆光了左半邊的牆面，成為平面牆面配置不對稱。以上每項都是耐震設計之大忌，再加上施工的偷工減料，因此在強震中就應聲而倒了。

我們可以用一般的鞦韆，來比喻一棟柱子及牆的配置位置、尺寸都對稱的建築物。當小朋友盪鞦韆時（比喻地震時），一般鞦韆只會前後擺盪，鞦韆兩側的吊索會平均承受小朋友前後擺盪所產生的力量。但如果小朋友玩的是一座兩側吊索粗細不一的特製鞦韆，這時鞦韆除了前後擺盪外，還會扭轉，導致較粗的一根吊索承擔較大的搖晃力量。

鞦韆兩側吊索粗細不一的例子，可比喻為平面結構配置不對稱的建築物，當地震來襲時，建築物除了前後或左右搖晃外，還會扭轉，建築物的各處梁柱因此受力不均勻，部分梁柱可能因承受過大的地震力而先震損，進而引起骨牌效應式的破壞，危及整棟建築物的結構安全。

鞦韆吊索不對稱的影響

▲左側的鞦韆吊索一樣粗，可平均承受前後擺盪產生的力量。右側的鞦韆兩側吊索粗細不一，除了前後擺盪，還會扭轉，導致較粗的一根吊索承擔較大的搖晃力量。

當建商決定在一個建築基地興建大樓時，首先會請建築師根據基地的建蔽率和容積率，做各樓層建築平面的配置規劃。建築平面確定後，再由結構技師在規劃好的建築平面上決定梁、柱等結構的位置和尺寸。如果結構技師認為建築平面配置有耐震疑慮，負責任的建商會請建築師再調整平面配置，但因為規劃好的建築平面，已經把可賣的樓地板面積設計到最大極限，大部分建商都是要求結構技師，根據已經規劃好的建築平面做結構設計。

不規則的建築平面不是不能設計，但往往要多加梁柱或

放大梁柱尺寸，不但會增加建造費用，還會影響可銷售面積，所以堅持專業、不願配合的結構技師往往會被換掉。因此，民眾購屋時還是要自求多福，學會如何判斷怎樣的建築平面配置比較耐震，進而保障自己和家人的生命財產安全。

一般人選購大樓或公寓華廈裡面其中的一戶房子，常不會特別留意整棟大樓的平面配置，就算想了解，也因為無法進入鄰房屋內，難以窺其全貌。建議大家看屋時，除了仔細勘查自己擬選購的一戶外，也要仔細查看一樓及目視所及的公共設施空間，除了初步判斷大樓的格局是否方正外，也應順便了解大樓在歷次地震中是否有震損。

地震的震損大部分先從一樓開始，一樓公共設施部分的震損常常是三不管地帶，即使震損了，也不會立刻修復。如果是選購大樓內的房子，建議進入地下室看看，在地下室可以看到整棟大樓的柱子是否對稱配置，以及大樓柱子的數量和尺寸大小。

立面及外觀不規則的建築

有些建築物某樓層的重量與上下樓層有明顯差異，例如在頂樓或中間樓層設置游泳池。有些為了遷就空間的使用，上下樓層的柱線不連續。有些在某樓層退縮，留設有很大的露臺。樓層退縮處在地震時的受力行為複雜，容易震損。

立面及外觀不規則建築的震損

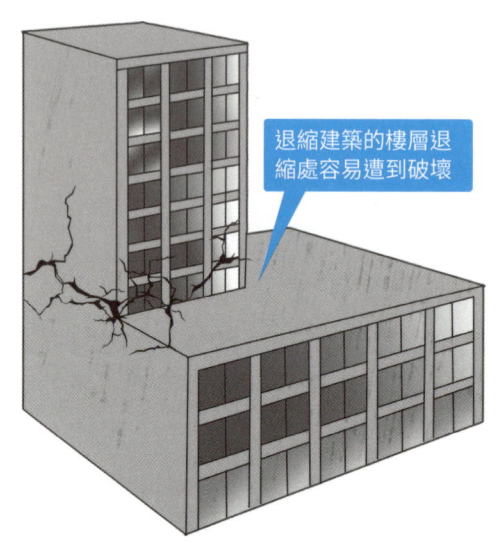

退縮建築的樓層退縮處容易遭到破壞

◀立面不規則的建築物，在立面突然變化處很容易震損。

▲平面和外觀都不規則的建物，在921地震中發生嚴重毀損。

也有些建築物為了表現設計的創意，外觀非常不規則。當強震來襲時，這些建築物的外觀或空間變化，會造成建築物所承受的地震衝擊力，無法順利傳遞給其他梁柱來平均承擔，於是地震力集中作用在不規則處，整棟建築物可能會因局部先破壞引起連鎖反應而倒塌。

如左頁下圖中外觀不規則的房子，就在921地震中嚴重損毀。很多類似的建築物也在強震中倒塌。

過分高瘦的建築

大家在選擇另一半時都喜歡玉樹臨風的高瘦男士，或身材窈窕的美女，但選購房子時，最好以外觀中廣型的大樓為首選。把大樓的高度，除以大樓建築平面最窄方向的寬度，得到的數值在專業術語裡叫做「高寬比」。

「高寬比」大，代表建築物瘦高，瘦高的大樓整體穩定性差，較容易因強震而傾斜，甚至傾覆，這是憑直覺即可理解的現象。

我國建築技術規範對建築物的高寬比並沒有限制，依據我們結構技師同業設計經驗歸納，一般鋼筋混凝土造大樓的高寬比最好不要超過四，維冠金龍大樓即是高寬比超過五的不耐震大樓。

建築物的高寬比

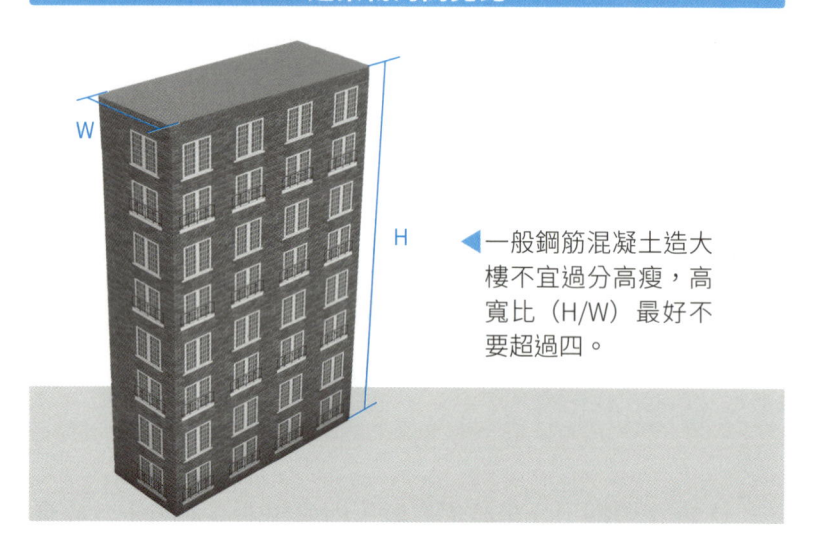

◀一般鋼筋混凝土造大樓不宜過分高瘦,高寬比(H/W)最好不要超過四。

單跨型建築

單跨結構是指在其中一個方向只有兩支柱子,地震時只要其中一支柱子被震垮,另外一支柱子無法單獨支撐起梁和樓板,就會立刻跟著破壞倒塌。如果是三支柱子以上的**多跨結構**,即使其中一支柱子被震垮,所失去的支撐力會轉移由其他兩支柱子來共同分擔,房子不一定會倒。

這本是簡淺易懂的道理,但建商往往為了地下室的停車位或車道迴旋空間,加大地下室柱子與柱子的間距,從而減少整棟大樓柱子的設計數量。如果建築基地是狹長型的,更

往往會設計成單跨型建築。

　　政府於1988年公布停車容積獎勵辦法後，建商只要在法定停車位之外，增建可供不特定大眾使用的停車位，便可獲得容積獎勵。

　　這又是一個讓建商牟利的政策工具，建商增建的停車位並沒開放給公眾使用，甚至是賣給大樓住戶，地上多出來的容積獎勵可以蓋更多房子來賣，結果設計出來的大樓變高了，但是柱子變少了，或者為了多增加幾個停車位而「削足適履」，縮減柱子的斷面尺寸，又或者設計成中間沒有柱子的單跨形建築物，不但沒有增加公眾利益，還犧牲了耐震安全。直到2012年，「停車容積獎勵」才因監察院糾正而廢止，

維冠金龍大樓的單跨結構

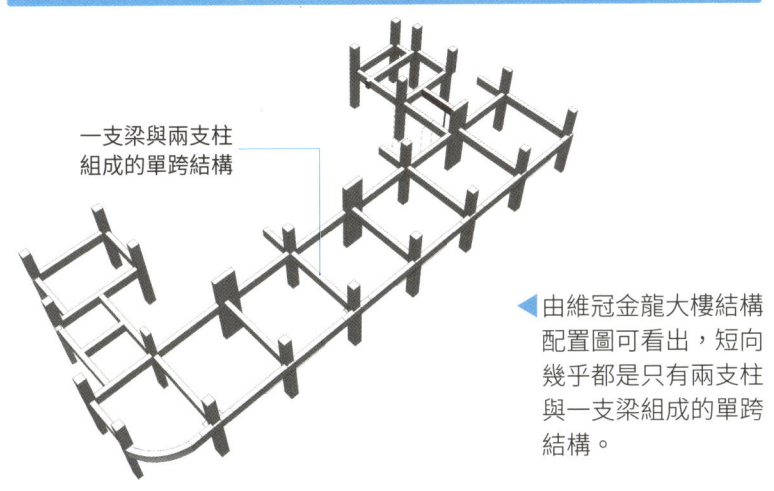

一支梁與兩支柱組成的單跨結構

◀由維冠金龍大樓結構配置圖可看出，短向幾乎都是只有兩支柱與一支梁組成的單跨結構。

第4章｜哪些房子不耐震？　61

但實施了24年的停獎辦法,已為耐震安全埋下不少隱患。

2016年造成國內最多人在地震中罹難的維冠金龍大樓,便是最典型的單跨型建築。如維冠金龍大樓的平面配置圖所示,大樓在短向的結構構架,幾乎都是只有兩支柱子與一支梁的單跨型構架。

鄰棟間距不足的建築物

不同胖瘦高矮的建築物,或者加強磚造、鋼筋混凝土造及鋼構造等不同構造型式的建築物,在地震時振盪搖擺的幅度都不同。若鄰棟建物彼此間隔距離不足,強震時可能因相互碰撞而震損。

1997年以前的建築技術規則規定:「建築物之間隔:為避免地震力及風力引起之變形造成相互觸碰……應留設至少為各該構造物高度千分之十五,且不得小於15公分之間隔。」這個間距的專業術語稱為「**碰撞距離**」。

1997年以後修訂的建築技術規則,規定「碰撞距離」依據每棟建築物承受設計地震力的結構分析結果而留設,一般人無法知道分析結果的「碰撞距離」是多少。民眾購買大樓為住家時,若覺得與鄰棟大樓距離太近而不放心,可以要求建商向建管單位調閱大樓設計時的**結構計算書**,要求建商請結構專業人員向你說明。

安全宅要點

1. **有軟弱層的房子不耐震**:一樓挑高挑空的開放空間大樓,或一樓的牆面數量較其他樓層少許多的建築物,俗稱軟腳蝦建築,應特別加強其耐震設計。

2. **平面及外觀不規則的房子不耐震**:建築平面配置及外觀規則對稱是耐震設計最重要的基本原則。即使是不符合現行耐震規範的老舊大樓,格局方正對稱的建築也比較不會在強震中受損或倒塌。

3. **過分高瘦的房子不耐震**:俗稱牙籤屋,一般鋼筋混凝土造大樓的高寬比最好不要超過四。

4. **單跨型建築、鄰棟間距不足的建築物不耐震。**

5 面對土壤液化威脅怎麼辦？

　　2016年小年夜，高雄美濃發生了規模6.6的地震。這場地震除了造成臺南永康區維冠金龍大樓倒塌，115位民眾不幸罹難外，同時也引發了附近臺南安南區的土壤液化現象，造成大量房屋沉陷傾斜及地坪隆起。有些媒體上的名嘴將維冠大樓的倒塌歸因於土壤液化（但其實不是），使得土壤液化一時成為全民關注的重點。

　　同年3月14日，中央地質調查所公布全臺八縣市的土壤液化潛勢圖，當日竟創造超過172萬5000人次的查詢紀錄。大家都擔心自己的家是否坐落於土壤液化高潛勢地區，除了擔心身家安全外，也怕影響房價。

　　什麼情況下會發生土壤液化？要發生土壤液化，必須滿足三個條件：

1. 地表下20公尺內的土壤，必須是沒有黏性的疏鬆砂土層或粉土層。

2. 地下水位夠高。

3. 地震時該地區震度達 5 級以上且持續一段時間。

當地震震度達到 5 級以上，而且持續的時間過久，疏鬆砂土層內的土壤顆粒會開始重新排列，變得愈來愈緊密，如果這時候剛好遇到地下水位很高、土壤顆粒間的孔隙充滿飽和水的情況，在孔隙變小的過程中，孔隙間的水受到擠壓，會使得水壓急遽升高，衝散原本相互接觸的土壤顆粒。砂和水因而混合呈現懸浮狀態，使土壤暫時失去支撐力，造成房屋下陷或傾斜、磚牆破裂、地坪隆起和地下管線上浮、破裂等，甚至產生噴砂現象。

因此，土壤液化通常發生在沿海地區、舊河道和河口三

土壤液化是怎麼發生的？

震前：地下水位高、砂土層內的顆粒結構鬆散。

震時：劇烈搖晃，水壓上升，砂土顆粒懸浮，失去支撐力。

震後：砂土顆粒重新排列，變得緊密，地層下陷。

角洲所形成的沖積平原等地帶,如美濃地震時引起大規模液化的臺南市安南區,即是由 17 世紀荷蘭人據臺時期的臺江內海沖積而成。

如果你家坐落於山坡地,或如林口臺地、桃園、臺中等卵礫石地盤上,可以不用擔心土壤液化的問題;如果房子坐落在黏滯性高的極軟弱黏土層,例如臺北盆地的信義計劃區等,要擔心和克服的也不是土壤液化問題,而是不均勻沉陷或長期沉陷對房屋結構安全的影響。

土壤液化的影響

■ 2016 年高雄美濃發生地震,臺南市房屋因土壤液化而地坪隆起(上)及下陷(下)。

房子坐落於土壤液化高潛勢區怎麼辦？

一般建築物可用下列手段來防範土壤液化的風險：
1. **打設基樁穿過可能液化土層，將建築物重量透過基樁支撐於堅實土層或岩盤上。**
2. **施建較深的地下室。**
3. **將可能液化的土壤挖除，以砂石級配或其他緊密的土壤替換。**
4. **以土壤改良手段固結地盤。**

對於坐落於有土壤液化疑慮地區的中古屋，一般民眾僅憑建築物外觀，難以判斷基礎下是否打設基樁，或土壤是否曾置換或改良過。但可以根據建築物的地下室深度，自行判斷液化的風險程度。

如果大樓的地下室達三層以上，在開挖地下室時，已經將地表下約 12 公尺的疏鬆砂土或粉土挖除，且大樓正下方的土壤不但承受較大的建築物重量，四周圍一般還有連續壁提供保護，即使大樓坐落於土壤液化高潛勢區，也可以將液化所造成的風險降到最低。

至於一般六樓以上的老舊華廈或大樓，即使地下室未達三層，通常都有完全開挖的地下室，基礎大部分建成類似船艙的筏式基礎，若地震時周遭地盤液化，房屋會像一艘船浮在液化後的土壤中，可能沉陷或傾斜，但不至於倒塌造成人

命傷亡。如果地震時發生液化且房屋倒塌造成傷亡，禍首也不是液化，而是建築物本身結構設計不良或施工偷工減料。

　　位於中、高液化潛勢區的獨棟或連棟集合住宅等建物，如果能像日本一樣採用筏式基礎或版式基礎，可大幅降低土壤液化造成的風險。萬一因為土壤液化導致建物沉陷或傾斜時，也比較容易將建物頂升或扶正，修復後繼續使用。然而在國內，四層以下住宅的興建，很少使用像日本那樣整體的版式基礎，即使有地下室也只有部分範圍，遇強震導致地盤土壤液化時，就容易造成較嚴重的沉陷或傾斜，以及地坪拱起、噴沙、磚牆及管線破裂等災損。

　　土壤液化發生時，一般會同時阻絕地震波對房子的搖晃破壞力，所以很少造成房子全面倒塌及人命傷亡。但震後若房子因為土壤液化導致嚴重傾斜、難以扶正，仍舊不得不拆除。即使傾斜狀況不嚴重，可頂升扶正後繼續使用，基礎下地質改良和災損修復費用也是一大筆金額。

　　至於震前的防範，雖然可以用灌漿等方式改良基礎下的土壤，但因所費不貲、施工成效難以驗證，且若非單一產權，住戶間對經費的分擔很難取得共識，一般難以付諸實施。因此建議擔心土壤液化風險的房屋所有權人，不妨投保地震險來降低可能的財產損失。

　　目前，各縣市政府都有提供**土壤液化潛勢查詢系統**，民眾只要自行上網輸入建物門牌地址，即可查詢建物是否坐落

於土壤液化中高潛勢區內。民眾若要選購坐落於中高潛勢區的新建房屋，可要求建商說明該建物以什麼設計方式來排除液化風險。建商也不妨主動說明，去除購屋大眾的疑慮。

土壤液化對公共設施的損害不容忽視

2011年東日本大地震，部分較嚴重土壤液化災害的經驗顯示，土壤液化會造成大規模道路嚴重沉陷變形，自來水、汙水、瓦斯、電力與電信等維生管線斷裂及破壞。尤其

土壤液化對公共設施的損害

▲日本311大地震時，地下管線人孔因土壤液化而浮起超過一個人高，周遭汙水管內全部塞滿泥砂，短期間無法修復，家庭汙水必須依賴水肥車抽運。

是地下汙水管線浮起、斷裂、管內塞滿泥砂,短時間內難以修復,房屋內抽水馬桶無法排出排泄物,影響廣大市民的日常生活。如何未雨綢繆,是政府防災整備重要的工作。

安全宅要點

1. **土壤液化潛勢查詢系統**:各縣市政府提供「土壤液化潛勢查詢系統」,輸入建物門牌地址,即可查詢該建物是否坐落於土壤液化中高潛勢區。

2. **根據中古屋地下室深度,可判斷液化風險程度**:中古屋的地下室達三層以上,或大樓有筏式基礎,可大幅降低土壤液化造成的風險。

3. **要求建商說明如何排除液化風險**:透過建築手段可防範土壤液化風險,如打設基樁穿過可能液化的土層、施建較深的地下室、挖除可能液化的土壤或土壤改良。

4. **投保地震險**:土壤液化雖會導致房屋傾斜、沉陷,但鮮少造成人命傷亡,可投保地震險以降低可能的財產損失。

6 山坡地住宅安全面面觀

　　臺灣是菲律賓海板塊及歐亞大陸板塊擠壓形成的島嶼，山坡地及高山地幾占全島面積的四分之三，平地土地資源有限，政府因此於 1977 年頒布「山坡地保育利用條例」。只要向水土保持機關申請許可，坡度小於 30% 的山坡地，即可由縣市政府編定為允許興建住宅的丙種建築用地。很多建商因而低價購入大片山坡地，將之變更為有開發價值的丙種建築用地，逐步開發成大型山坡地社區。

　　政府為了將如雨後春筍般的山坡地建築開發案納入管理，於 1983 年頒布「山坡地開發建築管理辦法」。新法雖然規定申請開發的面積不得少於 10 公頃，但卻允許將開發標準放寬到坡度 55%。由於政府法令不溯既往，「山坡地開發建築管理辦法」頒布前已編列為丙種建築用地的山坡地，仍可繼續開發，此即媒體一度吵得沸沸揚揚的所謂「**老丙建**」問題。

「老丙建」山坡地建案原來規定的建蔽率是 40%，坡度限制在 30% 以下才可開發。1983 年頒布的「山坡地開發建築管理辦法」允許開發的坡度放寬到 55%，很多建商利用當時管理法令不完善，將坡度在 30% 至 55% 間、原來屬於綠地等公共設施或道路護坡的土地，也申請變更做為住宅建地，再以挖填土方平衡的方式整平成建築基地。

這樣的做法危及原有山坡地住戶的居住安全和權益，並衍生出很多原住戶與建商間的糾紛。民眾若喜歡青山綠水而有意選擇山坡地社區為住家，建議先向建商或管委會詢問社區內公共設施用地的產權歸屬，確認公園綠地是否為永久法定空地，若產權屬於建商且為住宅用地，建議三思而後行。

坐落於「順向坡」的開發社區

1997 年 8 月 18 日，溫妮颱風挾帶豐沛的雨量襲擊北臺灣，位於新北市汐止區的林肯大郡社區，邊坡滑動衝破擋土牆，並直接撞擊該社區「金龍特區」第三區建築，導致整排建築嚴重坍塌，造成 28 人罹難、一百多人無家可歸的慘劇。山坡地建築潛藏的居住安全問題這才引起政府和國人的重視，進而在建築技術規則中增訂山坡地專章，規定「開發區域內平均坡度超過 30% 者，不得做為建築使用。」並規範其他的山坡地建築開發行為。

今天我們在臺灣所看到的陸地，原來都是海底的沉積岩，經由菲律賓海板塊和歐亞大陸板塊千百萬年來互相擠壓而拱起形成陸地，這就是所謂「造山運動」。臺灣每年約 4 萬次的地震，正是這一造山運動的原動力，現在仍然加速進行中。不同岩質的沉積岩在造山運動中受擠壓拱起的過程，就好比我們用兩手相向推擠一疊放在桌上的薄紙，這疊薄紙受到推擠力會產生皺摺並拱起，紙與紙間原本水平的介面也隨著拱成各種不同角度。同理，我們在陸地上看到不同岩層間的層面，大部分也都不是水平方向。

臺灣的山坡地質大多由密度較疏鬆的砂岩和密度較緊密的頁岩交互疊接所構成，當山坡的坡面傾斜方向與岩層的傾向相同時，這樣的坡面稱為「順向坡」。當坡面傾向與岩層傾向相反，則稱為「逆向坡」。

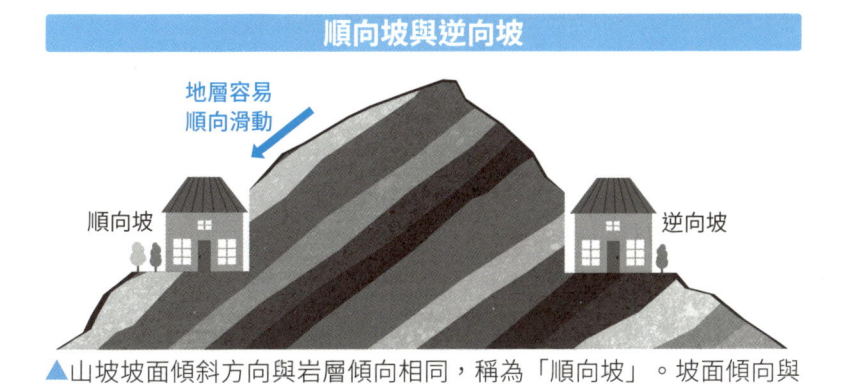

順向坡與逆向坡

▲山坡坡面傾斜方向與岩層傾向相同，稱為「順向坡」。坡面傾向與岩層傾向相反，稱為「逆向坡」。

建商要在陡峭的山坡上蓋房子，必須挖除部分坡面，將山坡修整成平臺，如果挖除的位置是順向坡的坡腳，與坡面相同傾向的岩層下方失去支撐力，就必須完全靠人工施建的擋土牆來防止山坡滑落和土石掉落。

　　當遇到地震侵襲引起岩層鬆動，或颱風暴雨來襲時，擋土牆內側強大的水壓力會破壞岩層間的摩擦力和黏結力，於是引發順向坡滑動，邊坡甚至可能衝破擋土牆引發災變。

順向坡開發

■建商在山坡上蓋房子，必須挖除部分坡面修整成平臺，如果挖除位置是順向坡坡腳，岩層下方失去支撐力，就必須完全靠人工施建的擋土牆來防止山坡滑落和土石掉落。

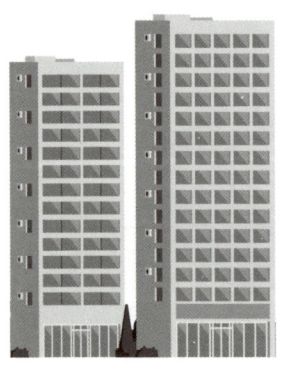

擋土牆

1997年的林肯大郡災變和2009年的小林村土石流滅村事件，都是因為颱風豪雨導致順向坡滑動所引起。2010年4月25日國道三號基隆七堵段，甚至在無風無雨也無地震的情況下，發生大規模走山事件，大量土石崩塌而下覆蓋了南北雙向車道，造成四人罹難。

國道三號走山事件後，內政部邀集專家學者清查各縣市480處山坡地住宅社區，清查結果就安全性分為三級。其中列為A級者需「限期改善」的，共有18處；列為B級者必須由管委會或所有權人「加強監測」的，有83處；列為C級者，請該社區自行檢測設施狀況「注意維護」的，共有379處。政府以無法源依據及擔心影響既有住戶房價為理由，並未公布社區名稱，但允許房屋所有權人向各縣市政府查詢，有購買或租住山坡地社區住宅需求的民眾，可要求原屋主提供查詢結果。

一般民眾也可利用經濟部地質調查及礦業管理中心建置的「**地質敏感區查詢系統**」，輸入地籍號碼，即可查詢所屬意的山坡地社區是否位於「山崩與地滑地質敏感區」。也可以觀察社區坡面上的樹木或電線桿是否傾斜、坡面上是否出現同方向且成群成組的裂縫或局部坍方、擋土牆面是否有裂縫或外凸變形、坡腳是否有落石或小石塊堆等現象，自行判斷山坡地房屋是否位於山崩或順向坡滑動高風險區。

雖然現行建築法規規定「坡度超過30%的山坡地，不

得做為建築使用。」但 30% 的坡度已不算緩坡。**30% 的坡度表示沿著山坡水平直線距離前進 100 公尺時，垂直爬升高度為 30 公尺**，換算成山坡的角度約為 16.7 度（不是 30 度）。相較之下，都市地下停車場的進出車道，設計坡度只有 15% 左右（8.6 度）。林肯大郡災變以前開發的山坡地社區，容許開發坡度竟高達 55%，大家可以想像這樣的坡度有多陡峭了。

邊坡擋土牆

　　山坡地社區需要施建的擋土牆愈高，表示未整地前的自然邊坡愈陡峭。建議避免選擇鄰近擋土牆的房屋，如果沒辦法避免，建議房屋與擋土牆間至少應有相當於擋土牆高度的緩衝距離，也就是說，擋土牆愈高，需要的緩衝距離愈大，以防止落石或萬一擋土牆功能失敗時，山坡滑動危及房屋及住戶安全。**擋土牆以四公尺以下為宜**，如果擬選購的房子緊鄰的擋土牆高超過四公尺，建議先查詢擋土牆後面的邊坡是否為順向坡。即使是**非順向坡的擋土牆，最高仍建議不超過六公尺**。

　　擋土牆面上的洩水孔必須發揮功能，才能避免擋土牆後面的土壤含水量急遽增高，破壞邊坡穩定並危及擋土牆的安全。因此社區居民應於雨季時隨時留意擋土牆面上的洩水孔

出水功能是否正常,是否有堵塞現象,或者是否排出來的水混濁帶泥(可能是牆背回填土被掏空),以上都攸關擋土牆的穩定和安全。

　　較高的擋土牆常可看到牆面上有成排的水泥方塊,那是為了保護地錨錨頭的混凝土塊。地錨是穿過擋土牆並深入後面邊坡內部的鋼腱構件,錨碇於邊坡內部較裡層的堅硬土層或岩層。擋土牆打了地錨就像被鎖上螺栓,可以確保邊坡穩定。然而,深入岩土層的鋼腱表面雖然有防鏽處理和水泥漿或樹脂的保護,但使用日久後難免因地震和豪雨反覆侵襲而

擋土牆地錨錨頭的混凝土保護塊

破壞鋼腱保護層,進而導致鋼腱及錨頭鏽蝕,讓地錨失去功能。在林肯大郡和國道三號走山災變現場,都可以找到鏽蝕殆盡的地錨鋼腱,林肯大郡災變前,很多保護錨頭的混凝土塊早已損壞脫落。

地錨安裝後,有賴定期檢測和維護才能確保長期功能,若鋼腱鏽蝕甚至必須抽換,所費不貲,但鮮有山坡地社區能取得全體住戶同意出資維護,這是山坡地住宅安全最大的隱憂。現有山坡地住戶無法僅憑目視得知擋土牆內的鋼腱是否鏽蝕,但若發現錨頭保護塊剝離掉落、錨頭鏽蝕,要立刻通報社區管委會找專業人員來檢測和維護。

坐落於「大填方區」的山坡地社區

除了緊鄰順向坡的社區,坐落於人工大填方區的山坡地社區也有安全虞慮。建商為整平山坡地成為建築基地,往往利用挖除自然邊坡的土方,來填平山坡底下的山谷,這就成為「大填方區」了。

山谷原本是山區暴雨時的排水通路,即使被填平蓋房子,房屋地基下面仍然是地下水滲流的通道,再加上填方區填土厚度達數公尺、甚至數十公尺,不容易滾壓夯實,日後產生沉陷或滑動現象的可能性高。例如 2001 年納莉颱風來襲時,三峽白雞山莊爆發土石流,掩埋了三棟民宅,就是填

土惹的禍。

　　如果居住社區內排水溝或道路斷裂，庭院圍牆傾斜，可能就是坐落於大填方區上的社區。大填方區社區邊緣往往會有高陡的擋土牆，當颱風豪雨來襲時，擋土牆後面的地下水若宣洩不及，強大的水壓力可能造成擋土牆不穩定，危及興建在大填方區上建築物的安全。因此當社區排水溝等排水設施斷裂或淤塞、路面出現方向一致的長裂縫或陷落時，表示地層可能產生滑動，或地底已發生掏空現象，應立即修復，以免暴雨侵襲時繼續滲入，軟化或掏空土壤，危及擋土牆與社區房屋地基的安全。過去曾有建商或住戶在大填方區興建游泳池，蓄水的池體因沉陷而龜裂漏水，危及其他住戶的房屋安全。

　　攸關山坡地安全的公共設施除了擋土牆和排水系統外，「滯洪池」也很重要。自然邊坡被開發成山坡地住宅社區後，建築物和社區道路鋪面等人工物，會取代雨水能夠滲入的自然土坡。發生豪大雨時，社區上游邊坡傾瀉而下的山洪及雨水，因為無法滲入土壤內，都變成強大的地表逕流，因此山坡地社區內必須興建滯洪池來攔截山洪，以免社區排水設施宣洩不及，危及社區安全。

　　滯洪池兼具沉砂池的功能，可以攔截山洪挾帶而下的土砂，因此滯洪池需要時常維護清淤，才能確保具有足夠的容量發揮滯洪功能。滯洪池的目的是減低暴雨時山洪對社區的

危害，有些社區卻將滯洪池當成景觀池使用，或放任雜草叢生，這樣都會妨害它保護社區的功能。

山坡地工程專業人員對擋土牆、滯洪池及社區排水設施等有「七年之癢」之說，意思是這些公共設施興建七年之後，就會出現一些必須維護的問題，有賴社區具有健全的管理委員會，才能向住戶收取管理費，並負責日常維護及整修工作。因此有意選擇山坡地社區為住家的民眾，建議先了解該社區管理委員會的運作情形。

滯洪池的設置

▲滯洪池的目的是減低暴雨時山洪對社區的危害，將滯洪池當成景觀池使用或放任雜草叢生，都會妨害它的功能。

山坡地社區自行安全檢查 DIY

　　目前各縣市政府均發布有山坡地社區自行安全檢查 DIY 表格供民眾使用，以山坡地住宅社區最多的新北市為例（參見下一頁），社區管委會可就表格所列項目，自行逐項勾選。有表格中任一項問題，可向市府工務局申請派技師或專業單位前往評估及複查，其他各縣市山坡地住戶也可上網查詢政府提供的協助。

　　與山坡地社區安全攸關的體檢項目多，體檢後安全與否的判斷也頗為專業，為免掛一漏萬，較大型的山坡地社區不妨委託一位大地技師，或有山坡地工程經驗的土木技師或結構技師定期追蹤檢查。每次颱風豪大雨後，更要詳細體檢各項設施，若有損壞，則通知社區管委會做必要的整修維護，防微杜漸是確保山坡地居住安全的不二法門。

新北市山坡地社區自主檢查表

社區名稱：＿＿＿＿＿＿＿＿＿＿＿＿＿＿＿＿＿＿＿＿

調查人：＿＿＿＿＿＿＿＿＿＿＿＿　電話：＿＿＿＿＿＿＿＿＿＿＿＿

調查日期：＿＿＿＿＿＿＿＿＿＿＿＿　天氣：＿＿＿＿＿＿＿＿＿＿＿＿

	檢查項目	有左列現象	未見左列現象	發現之位置
1	電桿、燈柱明顯傾斜且有倒塌之虞			
2	A. 道路路面出現明顯裂縫且局部陷落			
	B. 坡面上發現裂縫或植物枯死			
3	A. 建築物門窗嚴重變形以致無法正常開關			
	B. 社區建築物壁體磁磚、粉刷層大量剝落，或有寬度大於 5 mm 之裂縫（原子筆芯頭可深入）			
	C. 建築物梁柱裂縫寬度超過 3 mm（筆尖可深入），或鋼筋外露，梁柱歪斜			
	D. 樓地板傾斜			
4	A. 擋土牆牆趾掏空外露			
	B. 擋土牆牆面有寬度超過 5 mm 之裂縫（原子筆芯頭可深入）			

	C. 擋土牆一半以上洩水孔阻塞或洩出含泥砂水			
	D. 擋土牆鋼筋外露或鏽蝕			
	E. 地錨擋土牆錨頭掉落、分離、鏽蝕、一半以上缺損			
5	社區內異常出現大量崩落土、泥流、落石或土石堆			
6	排水渠道嚴重堵塞或施工不佳（坡度不足）造成淤積或水流向渠道兩側外溢			

自主檢查結果

☐ 表中任一項目（含次項）勾選「有左列現象」：需由技師或專業單位進行安全評估及複查。

☐ 所有項目皆勾選「未見左列現象」：繼續由社區居民定期自主檢查。

安全宅要點

1. **順向坡風險大於逆向坡**：順向坡完全靠擋土牆防止山坡滑落，當地震引起岩層鬆動，或颱風暴雨來襲，容易引發順向坡滑動，甚至衝破擋土牆引發災變。

2. **人工大填方區有安全疑慮**：坐落於人工大填方區的山坡地社區，沉陷或滑動的可能性高。若社區的排水溝或道路斷裂，庭院圍牆傾斜，可能就是坐落於大填方區上。

3. **山坡地社區的擋土牆、滯洪池及排水設施必須謹慎維護**：這些公共設施興建七年之後就會出現必須維護的問題，有賴社區管委會負責日常維護及整修。

4. **地質敏感區查詢系統**：到經濟部地質調查及礦業管理中心建置的「地質敏感區查詢系統」網站，輸入地籍號碼即可查詢你所屬意的山坡地社區，是否位於「山崩與地滑地質敏感區」。

7 地震後如何檢查住家結構安全？

1999 年 9 月 21 日凌晨 1 點 47 分，我在睡夢中被地震驚醒，之前沒經歷過搖晃幅度這麼大、歷時這麼長的地震，心裡感覺不妙，不久便從收音機收到房屋倒塌及人命傷亡的消息。大臺北地區雖然震度僅為 4 級，但仍有臺北市「東星大樓」、新莊「博士的家」和「龍閣社區」大樓倒塌，造成嚴重的人命傷亡。

那時我擔任臺北市結構技師公會理事長，知道必須負起社會責任，除了立即著衣，趕赴臺北市政府協助規劃救災外，另外也想到已有很多房屋受損，擔心餘震再來，必定人心惶惶，於是清晨立即手寫新聞稿，請市府幫忙發布，宣布動員結構技師公會全體會員，為民眾受損房屋住家義診，並提供處理建議，以安定民心。臺北市土木技師公會和臺北市建築師公會隨後也做同樣宣布。

921 地震後一星期內，向結構技師公會申請現勘的案件

就多達近 2000 件，那時所有結構技師公會的會員都放下手邊工作，投入救災。

北部的技師除了投入震損房屋義診外，也南下到災區，協助進行震損房屋危險分級緊急判定，可以調派的人力非常有限，但民眾求助案件實在太多，若每件都前往勘查，結構技師有限人力實在無法應付，於是請部分會員在公會輪值，接聽民眾電話，若損害輕微則直接告訴民眾不必擔心，並指導民眾如何處理。公會臨時將電話擴充到 10 線，但即使如此，大家仍電話接到手軟，連上廁所的時間都沒有。

當時，臺北地區已由結構技師公會完成現勘的案件約有 1000 件，其中真正有嚴重結構安全疑慮的不到 20 件，因此在民生報記者鄭朝陽先生採訪建議下，我從所蒐集的受損情況照片中，篩選一些典型案例，公布給媒體教導民眾如何 DIY 檢查。

後來臺北市政府請結構技師、土木技師和建築師三公會，共同根據我提供的 DIY 檢查要領和受損照片圖例，加繪裂縫位置及形狀示意圖，編撰成《震災後住家房屋自我檢查手冊》，大量印製發送給市民，並錄製成宣導影片。臺北市建管處同時請我巡迴各行政區講解，並接受民眾現場提問，有效安定了當時浮動的人心。

這份手冊現在被很多房仲公司印製送給客戶。以下是 DIY 自我檢查的要領：

地震後住家結構安全自我檢查要領

壹、檢查方法
一、首先查看整棟大樓
1. 先詢問左鄰右舍、樓上樓下，是否也有損害。
2. 共同查看整棟大樓是否有肉眼即可看出的異常傾斜、沉陷現象。
3. 檢查門窗是否被擠壓變形，牆壁有無龜裂，柱、梁、樓板有無裂損。

　　若是發現地震後家裡的牆或梁柱有裂縫，一定要會同同棟大樓的住戶或住戶管理委員會，一同巡視整棟大樓，因為房屋結構體的安全與否，要以整棟大樓的情況來判斷，不能單視個別住家或單層樓的狀況。對大樓結構安全而言，整棟大樓的住戶是命運共同體。

二、從一樓開始檢查
1. 注意柱子是否有嚴重裂縫，或混凝土被壓碎剝落、鋼筋外露等現象。
2. 一樓為開放空間的挑高挑空大樓，或一樓原為老舊住宅被改變成超商、餐廳或大賣場的建築物，應特別檢查。

　　絕大部分房屋的倒塌都是從一樓開始，也可能地震後各樓上的住家都沒有明顯的災情，但一樓公共設施部分有裂損

震後檢查:從一樓開始

▲整棟大樓是生命共同體,地震後要會同同棟大樓住戶或住戶管理委員會從一樓開始檢查。

▲柱子若有嚴重裂縫或混凝土被壓碎剝落、鋼筋外露等現象,應立即請結構技師評估。

卻無人發覺而被忽視了。

　　我建議只要住家建築物遇到 3 級震度以上的地震，不管你家有沒有災情，都應該會同管委會對一樓做特別的檢查，若有柱、梁、牆等裂損，應立即請結構技師評估，並做必要的結構補強及修復，以確保強烈地震再次來襲時的安全。

三、檢查各樓層柱、梁、剪力牆、樓板

1. **柱**：查看梁柱接合處、柱子的頂端或底部，若是門窗邊的柱子，則注意柱子在門窗開口的部位。檢查是否有接近 45 度或交叉的斜向裂縫，甚至混凝土剝裂、鋼筋外露的現象。若柱子出現垂直裂縫，裂縫寬度可塞進一元硬幣，也有安全疑慮。

2. **梁**：特別注意梁端或梁靠近牆的地方，是否有近似 45 度或交叉的斜向裂縫，甚至混凝土剝落、鋼筋外露。若柱與柱間距較大，下面無隔間牆的長梁中央部位有垂直向裂紋，只要梁無明顯下垂變形，在震後妥善修復即可。

3. **剪力牆**：剪力牆是設計用以抵抗地震力的鋼筋混凝土牆，但一般大樓不一定會有，民眾也不易分辨。四周圍有梁柱、無門窗等開口的鋼筋混凝土牆或電梯間牆，都很可能是剪力牆。由於剪力牆是抗震的重要結構元件，若出現近似 45 度的一道、多道裂縫或交叉裂縫，甚至

出現錯位、混凝土剝落、鋼筋外露等現象,就要盡速修復補強。還有,磚造的隔間牆若出現對角線交叉裂縫、錯位或局部坍塌,表示它發揮了如同剪力牆的功能,並為保衛你的家園而犧牲了,建議於震後立即修復補強或拆除重砌。千萬不要聽信半專家的話,認為它是隔間牆,既然壞了就拆除沒關係。

4. **樓板**:檢查是否有混凝土嚴重剝落、鋼筋外露的情形。

如果地震後,在柱、梁、牆等發現一道或多道近似 **45度的斜裂縫**,在專業術語上稱為「**剪力破壞**」。剪力破壞再嚴重一點,就會由單向的 45 度裂縫演變成雙向的**交叉裂縫**,也就是被老天爺打叉了。地震再嚴重點,打叉處的混凝土會開始剝落、鋼筋外露後挫曲,導致柱、梁斷裂或牆體錯位,甚至坍塌。因此結構體若發現 45 度斜裂縫或交叉裂縫,應立刻請結構技師評估,並進行修復補強設計及施工。

震後檢查:柱與梁

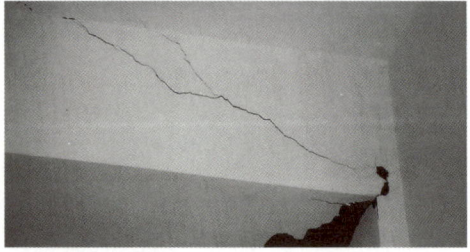

▲震後柱產生接近 45 度或交叉的斜向裂縫(左),梁端產生近似 45 度斜向裂縫(右),都有安全疑慮。

震後檢查：外牆與隔間牆

◀ RC 外牆產生斜向裂縫，有安全疑慮。

▶ 隔間磚牆震後嚴重裂損，上下錯位，代表磚牆於地震中先承擔地震力產生損壞，應拆除重砌，以確保下次地震時房屋結構安全。

貳、可自行修復情形

建築物若震後出現下述情形，不必過分驚慌，可自行雇工修復。

1. 牆面門窗、開關箱等開口角落上的裂縫。
2. 牆面開關及插座附近的裂縫、水龍頭及樓板燈具附近的裂縫，可能是內埋電管、水管等施工不良引起。
3. 磚牆與梁或樓板交接處的水平裂縫、磚牆約一半高度的水平裂縫、與鄰居隔戶牆的門形裂縫、磚牆與柱及鋼筋混凝土牆交接處的垂直裂縫、牆轉角處的垂直裂縫。
4. 樓梯平臺、屋頂女兒牆、陽臺牆、欄杆等處的裂縫裂損，都可不必過度擔憂，民眾可以自行修復。

以上型態的裂縫，往往會伴隨牆面、樓板面粉刷層剝落，及磁磚裂損或剝落的現象。若裂縫用 10 元硬幣可插入，寬度通常超過 3 mm 且已穿裂牆體，應以壓力灌注法灌入環氧樹脂填補修復，細裂紋則以補土油漆方式處理即可，以防止水氣滲入，外表再重新粉刷油漆或貼磁磚恢復原狀。

以上可自行修復的裂損，可參閱《震災後住家房屋自我檢查手冊》內的圖片及照片範例[*]。

---

[*]《震災後住家房屋自我檢查手冊》
　線上下載：http://www.newtsea.com.tw/?download=1112

叁、特別注意事項

1. 室內裝修盡量不要拆除隔間牆,尤其一樓的隔間牆更不可拆除。隔間牆雖不是主結構體,但一般老舊公寓或沒根據耐震設計及施工規範興建的大樓,在發生強烈地震時,隔間牆可彌補主結構體耐震能力的不足。震後若有裂損,也應儘速修復。
2. 臺灣多地震,室內不要過分裝修,也勿將梁、柱、牆面、樓板全部用裝修材、壁紙等隱蔽起來,這樣不但震後無法檢查建築受損情形,且強震時可能引起火災,不利消防安全。

安全宅要點

1. **先查看整棟大樓**:房屋結構體的安全與否要以整棟大樓的情況來判斷,不能單視個人家裡或一層樓的狀況。
2. **從一樓開始檢查**:絕大部分房屋的倒塌都是從一樓開始。遇到 3 級震度以上的地震,不管家裡有沒有災情,都應該會同管委會對一樓做特別的檢查。
3. **若梁柱出現斜裂縫或交叉裂縫**,甚至混凝土剝落、鋼筋外露,不可輕忽,應請結構專業技師評估。
4. **不必過分驚慌**:部分震損可自行雇工修復。上網查找《震災後住家房屋自我檢查手冊》。

8 杞人應該憂天嗎？

　　某位民間地震達人於 2018 年 2 月 6 日花蓮發生芮氏規模 6.2 地震後，於 2 月 8 日上媒體斷言，六天以內還會有比規模 6.4 更大的地震，中央氣象署警告他限期下架相關地震預測文章，如果再犯，將依氣象法開罰 20 萬至 100 萬元。3 月 1 日，氣象署終於開鍘。

　　更早之前，2017 年 12 月 19 日，這位所謂的地震達人也在臉書預言，花蓮地磁異常，七天內將有規模 5.0 強震發生。結果 21 日早上宜蘭外海出現 5.2 地震，氣象署對此發表聲明打臉：「臺灣平均每年發生的地震超過 4 萬次……每個月平均會有兩個規模 5.0 以上的地震發生，而且大部分位於東部陸地或外海，因此花蓮地區與外海發生規模 5.0 以上地震的機會本來就很高。所幸由於臺灣建築物皆需符合耐震規範，規模 5.0 左右的地震並不會造成嚴重災害……」

　　氣象署前面的說法像是「就算壞掉的時鐘，一天也會準

兩次」，筆者不予置評，但若說「所幸由於臺灣建築物皆需符合耐震規範」，就非常值得商榷了。本書對此將另外闡述不同的看法。

氣象署擬對這位地震達人開鍘的理由是：「不知為何能取得氣象局開放給學者使用的地磁與地電資料，這樣做容易誤導民眾，引發恐慌。」令人不解的是：首先，地磁與地電資料又不是國防或國安機密，為何只能開放給學者使用？其二，同樣擅自發布地震預報，氣象署為何認為另一位地震達人如「三太子般的預測」，沒有任何科學佐證，未達到開罰要件。其三，氣象署既然認為地震達人老是喊狼來了，而狼卻沒有來，那他的預測本領有多少人會再相信？是否足以達到氣象署所稱「造成民眾恐慌，徒增社會成本」的地步？

反而，氣象署在每次地震後都以「正常的能量釋放」說詞來安撫民心，這才令人擔心。以 2018 年花蓮地震為例，2 月 4 日先發生規模 5.8 地震，面對媒體關心，氣象署地震中心表示：「今晚在花蓮近海所發生的地震，原因可能是菲律賓海板塊擠壓到歐亞大陸板塊所造成的，此區域目前是屬於地震活躍的區塊，不過這些連環震都還算是正常的地震活動，請民眾不必過於恐慌。」2 月 6 日上午更表示：「這次地震確實特別，是連續較大規模的地殼能量釋放，在地震測報來說應該是好事，後續不至於發生規模更大的地震。」但是，當晚 23 時 50 分卻發生更大的規模 6.2 災難性地震。

國人自主防災意識原本就薄弱，官方說是「正常的能量釋放」，很容易被解讀為「不會有不正常的災害發生」，因而鬆弛了警覺。萬一那位地震達人上媒體是 2 月 5 日，而不是 2 月 8 日，0206 的災難性地震「碰巧」被他給預測到了呢？

來自義大利的一記警鐘

2009 年 3 月，義大利古城拉奎拉的居民在經歷連續六個月無數的輕微地震後，3 月 29 日早上又發生規模 3.9 的地震，一位名叫朱利安尼（Gioacchino Giuliani）的實驗室技術人員表示，那天早上他錄得異常高的氡氣排放量，並預測下午將有一場更大的地震（這種預測方法並未被學界所接受）。這個消息雖沒有得到官方肯定，卻迅速散播，造成居民恐慌，很多人不敢待在屋內。但那天，大地震沒有到來。

失控情況引起官方關注，朱利安尼被義大利民防局以「危言聳聽，製造民眾恐慌」的罪名，移送警方偵辦。民防局並於 3 月 31 日到拉奎拉召開緊急風險評估會議，與會者全是當時頂尖的專家。因為是閉門會議，公眾無從得知會議期間討論了什麼。會後，民防局副局長德伯納迪尼斯（Bernardo de Bernardinis）接受記者提問，他解釋：

「對於拉奎拉這樣一個經常發生地震的地區來說，連續六個月發生輕微地質活動，並不是什麼不正常的現象，也不

意味著就會發生大地震。我們有必要教導居民與地震共存，應有常帶警惕但不慌亂的心⋯⋯專家向我們保證，持續微震讓地下層的能量得以釋放，這是有利的（多麼像我們氣象署的說詞），因此現在沒有危險。」

然而，4月6日凌晨規模6.3的地震卻摧毀了拉奎拉古城，地震規模雖然還不算很大，但因震源深度僅10公里，結果造成大量房屋倒塌，309人罹難，1500餘人輕重傷，6萬多人無家可歸。兩個月後，民防局副局長及六名與會的風險評估委員，依「過失殺人」罪被起訴。一審罪名成立，法官裁定，七名被告均因過失殺人罪被判入獄六年。法官於判決書中強調，被告並不是因為「無法準確預測地震」而被判刑，而是因為「做出膚淺而模糊的危險評估」。

這一判決震驚義大利及國際科學界，5000多名科學家向義大利總統發出公開信，譴責這一審判，理由是準確預測地震在技術層面不具備可能性。經過歷時四年的爭訟，拉奎拉上訴法院於2014年11月10日做出二審判決，除民防局副局長減刑為兩年之外，其餘六名擔任風險評估委員的科學家均被宣判無罪。

民防局副局長在記者會的發言，以及對記者最後提問：「那我們可以先喝杯酒嗎？」輕率回答：「絕對是！一杯蒙普洽諾（Montepulciano）紅酒，我想是現在需要的。」他的發言被認為是降低了大眾的警覺，導致罹難者當中有29人，

因為相信官方傳遞的訊息而決定回到家中睡覺,最終死於倒塌的房屋內,其中具有因果關係,因此仍維持有罪判決。

防災警戒不等於誤導

個性浪漫的義大利人無法準確預測地震,做事嚴謹的日本人也是。2011 年 311 東日本大地震的前兩天,3 月 9 日,先發生規模 7.2、震源深度僅八公里的強烈地震,日本及全世界的專家都沒料到,規模 9.0 的毀滅性地震會在兩天後來襲。2016 年 4 月 16 日造成嚴重災情、規模 7.0 的熊本地震也是一樣,4 月 14 日早有兩起規模 6.2 的強震,引起相當的災情,事後才知道這兩次強震只是前震。

目前科技尚無法預測地震的確切發生時間和規模,因此沒有人會苛責氣象署地震中心無法準確預測地震。但地震測報人員發表一些像是「連續較大規模的地殼能量釋放,在地震測報來說應該是好事,後續不至於發生規模更大的地震」這等預測言論,與氣象達人信誓旦旦預測會發生更大地震的說詞,有什麼差別?

地震測報的目的,是為了防災的需要。中央氣象署組織條例並沒有賦予安撫人心的任務,氣象署擔心氣象達人「誤導民眾,引發恐慌」是戒嚴時代的思維。時序已進入 21 世紀,氣象法第 24 條對擅自發布地震、災害性天氣預報處罰

的條文,是否還有存在的必要?(先進國家都沒有賦予測報單位這樣的權力。)

氣象達人若確實已達到引起大眾恐慌的地步,警方自可將其移送偵辦,如前面義大利拉奎拉的例子。民宿業者若生意受到影響,可舉證提告,請求地震達人賠償,應更具阻嚇效果。筆者在此也奉勸地震達人,不要動輒放話與氣象署對賭。

未來還會有無數黑天鵝

地震學家雖然無法預測地震的確切發生時間和規模,但為了防災減災的需要,仍可透過對地殼構造了解的進步,和以往地震觀測的紀錄,用地震危害度分析的方法,評估特定規模的地震在未來數十年期間,發生在某區域的機率。

例如,美國地質探勘總署發布預測,未來 30 年內加州發生規模 6.7 以上地震的機率為 99.7%。日本地震調查委員會每年都會發布未來 30 年各地發生震度 6 弱以上大地震的機率,如東京的機率為 47%,日本中西部海域的南海海溝發生規模 9.0 超大地震的機率為 70% 至 80%(機率很高,表示必定會發生)。他們依據這些預測,展開防災、減災、救災的規劃和演練,同時也讓全民體認到這是無可迴避的風險,願意配合政府共同努力。臺灣地震學者和國外相比,一

點也不遜色，但類似的研究結果卻被官方束之高閣，直到花蓮震災後才琵琶半遮面式的公布。

莊子秋水篇「夏蟲不可以語冰」，形容夏蟲生命短暫，無法了解冰天雪地是怎樣的情景。人類生存在地球上的歷史極其短暫，而有科學觀測紀錄的地震活動僅約 120 餘年，這就可以理解為何地震學家要準確預測及評估地震，有多麼困難！阪神地震、921 地震、汶川地震、311 東日本大地震都超過專家原先預估的規模。

春秋時代的杞國有位地震達人，擔心他腳下的地會崩陷下去（地震），天上的星宿會掉下來（彗星或隕石撞地球），因而被嘲笑了兩千多年，現代科學終於還他公道。面對無法預測但必然會來的威脅性地震，我們寧可「杞人憂天」。

安全宅要點

1. **目前科技尚無法預測地震的確切發生時間和規模**，但可透過對地殼構造的了解和以往的觀測紀錄，評估特定規模的地震在未來數十年期間發生在某區域的機率。
2. **地震測報的目的，是為了防災需要。**

第 2 部
尋找安全的家

9 RC、SS、SRC 構造大樓何者比較耐震？

目前臺灣建築物的結構體,主要分為鋼筋混凝土構造(Reinforced Concrete Structure,簡稱 RC)、鋼骨構造(Steel Structure,簡稱 SS)和鋼骨鋼筋混凝土構造(Steel Reinforced Concrete,簡稱 SRC)三大類型。

其中鋼筋混凝土的歷史可回溯到 1849 年,當時人們已知混凝土可用來製造各種物件。但法國園丁莫尼爾(Joseph Monier)苦惱於混凝土花盆太過笨重,不但移動困難,而且很容易在移動中破裂,便想了一個辦法。他先用鋼線綁紮成花盆的骨架,再澆灌混凝土成型,結果做出了重量比較輕又不容易破裂的花盆。

莫尼爾最初只想做出輕便且不易破裂的堅固花盆,沒想到卻意外發明鋼筋混凝土,改變了人類建築的風貌。現在的「鋼筋混凝土」專有名詞仍沿用莫尼爾於 1867 年申請專利時的名稱:Reinforced Concrete,即「加勁的混凝土」。

建築物構造類型示意圖

鋼筋混凝土構造（RC）

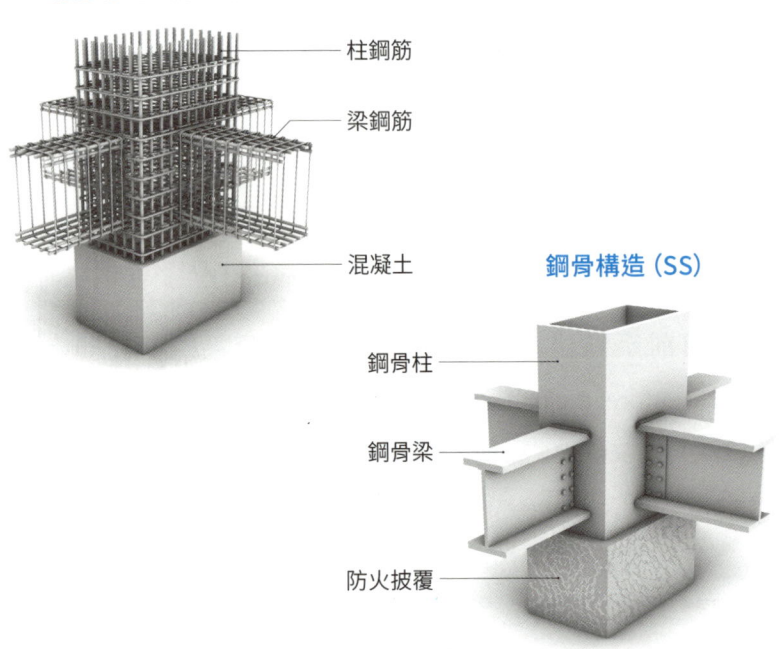

- 柱鋼筋
- 梁鋼筋
- 混凝土

鋼骨構造（SS）

- 鋼骨柱
- 鋼骨梁
- 防火披覆

鋼骨鋼筋混凝土構造（SRC）

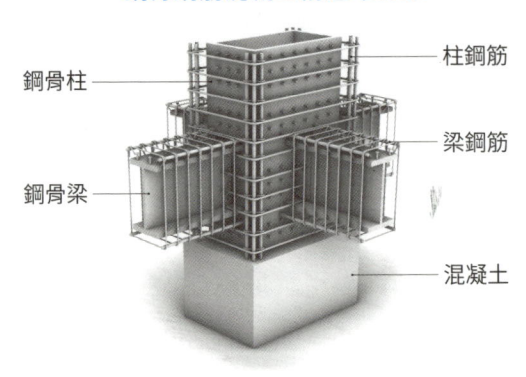

- 鋼骨柱
- 鋼骨梁
- 柱鋼筋
- 梁鋼筋
- 混凝土

鋼筋混凝土構造──RC 構造

由砂石和水泥混合澆鑄而成的「混凝土」是脆性的建築材料，可以承受很大的壓力而不會破碎，但很容易拉斷。有延展性的「鋼筋」則可承受很大的拉力，不容易拉斷。把鋼筋埋置於混凝土，便成為完美的組合建材──**鋼筋混凝土**。

鋼筋混凝土除了利用混凝土和鋼筋兩種建材的力學行為互補性，混凝土對埋置在裡面的鋼筋也有保護作用，可以防止鋼筋鏽蝕，火災時也可以保護鋼筋不被火場數百度以上的高溫所熔融。

此外，鋼筋與混凝土這兩種材料的膨脹係數相近，因此鋼筋混凝土構造物在長期的使用年限內，不至於因為周遭環境溫度高低的起伏變化，導致混凝土與鋼筋界面之間有剝離破壞的風險，可長期維繫鋼筋與混凝土組合成為完美建築材料的功能。

鋼筋混凝土構造建築常簡稱為 RC 建築，優點是地震時搖晃幅度較小，防水、防火性能佳，隔熱、隔音效果較好，造價也相對便宜，因此是國內住宅建築的主要構造類型。但由於 921 大地震及隨後幾次震災倒塌造成嚴重傷亡、引起社會矚目的建築物，幾乎全為 RC 建築，再加上建商每以提升抗震能力標榜推出 SRC 大樓或 SS 鋼骨大樓，RC 建築因而給人不耐震的刻板印象。

實際上由於人工愈來愈貴，RC 大樓與 SRC 或 SS 鋼骨大樓的造價愈來愈接近。以雙北地區 2024 年為例，RC 大樓的造價每坪約為 20 萬元上下，SRC 大樓造價每坪約 23 萬元，SS 鋼骨大樓每坪約 24 萬元。現在房價每坪動輒數十萬、甚至數百萬元，營造成本占房價的比率愈來愈低，很多建商遂以 SRC 或 SS 鋼骨造大樓為號召，增加的營造成本有限，卻能大幅提高房價。

過去臺灣經濟高速發展時期所蓋的房子，有 90% 以上為 RC 建築，占房屋比率較低的 SRC 或 SS 大樓又在比較嚴謹的設計、監造和施工條件下興建完成，因此在震災中倒塌的房屋類型，自然以 RC 結構居多。

過去臺灣 RC 建築倒塌嚴重，多是因為建築平面立面規劃漠視結構耐震安全的需求、柱子數量不足或柱斷面尺寸太小，以及偷工減料太過普遍。但近年來國內外 RC 結構耐震技術的研究已有長足的進步，政府訂頒的設計及施工規範也愈趨嚴謹，只要能確實依照規範設計和施工，新建房屋不管是 RC、SRC 或 SS 鋼骨造的大樓，應該同樣能夠抵抗強震的侵襲。

「偷工」和「減料」對鋼筋混凝土結構體的房屋安全危害，最常見的是混凝土澆置灌漿時，工人擅自在現場加水以方便灌注，這樣的做法會嚴重降低混凝土凝固後的緻密性和強度，不但危害房屋結構安全，也是很多房屋日後漏水的重

要原因。

此外,鋼筋混凝土耐震規範規定,柱內箍筋閉合處必須彎成 135 度彎鉤,地震時才可以緊緊箍住柱內的鋼筋和混凝土而不會鬆脫,確保柱子不會輕易被壓碎。但箍筋閉合彎鉤做成 135 度的工序比較麻煩,因此工地常將彎鉤只做成 90 度。依照耐震設計規範,梁柱接頭區也必須綁紮箍筋,才能避免地震時梁柱接頭先被震壞(梁柱接頭可比喻為骨骼的關節,關節壞了,骨骼再強健也沒用)。* 但由於在梁柱接頭區綁紮箍筋很費工,因此常被工地省略不做。以上都是 921 地震前常見的「偷工減料」行為,嚴重減損了鋼筋混凝土建築物的耐震能力。

施工時確保鋼筋的混凝土保護層厚度符合設計要求,非常重要。鋼筋如果因保護層不足而鏽蝕,不但會逐漸失去強度,鏽蝕也會導致鋼筋體積膨脹,將混凝土保護層繃裂。常見中古屋樓板混凝土整塊掉落,裡面的鋼筋已鏽蝕殆盡,有些是因為海砂屋造成,也有些純粹是因為樓板鋼筋的混凝土保護層厚度不足所致。

施工草率是保護層不足的主要原因,樓板內的鋼筋規定必須有兩公分厚的保護層,因此在澆灌混凝土前,樓板下層鋼筋與模板之間必須用墊塊墊起,確保混凝土凝固後,鋼筋

---

* 參見第 1 章〈什麼是建築物耐震設計?〉

的保護層厚度符合規定。工人一般直接踩在綁紮好的鋼筋上澆灌混凝土，若墊塊間距太大、鬆脫，或工人的重量使得鋼筋下陷，都會導致樓板鋼筋保護層厚度不足，甚至在拆除模板時便看到鋼筋外露。

　　921 震災後，政府建立了「耐震標章」認證制度，授權臺灣建築中心、中華民國結構技師全聯會和中華民國土木技師全聯會等為第三方認證機構，藉由容積獎勵的做法鼓勵建商申請認證。建商的新建案要取得耐震標章，必須於設計階段將結構計算書和結構設計圖說，委託認證機構所組成的專

施工中的 RC 構造大樓

▶建築工人正在澆灌混凝土。在混凝土澆灌的過程中，應嚴禁工人擅自加水，並確認混凝土澆灌前鋼筋與模板的間距（即鋼筋保護層）符合規定。

家小組審查，確認新建案的結構設計遵守耐震設計特別規範的規定，審查重點包括建築平面規劃的對稱性、梁柱的配置及斷面尺寸是否合理，還有鋼筋配置的細節等，若審查合格，即可授與「耐震設計標章」。

到了施工階段，建商必須聘請結構技師或土木技師為「耐震特別監督人」常駐工地，對建案的施工進行「耐震特別監督」，確保所有細節都按圖施工，以及工程品質符合要求，認證單位並得不定期到施工地點現場查證。若一切查證合格，完工後授與「耐震標章」。

RC 構造建築只要確實遵照耐震設計規範設計和施工，耐震能力不會亞於 SS 構造或 SRC 構造建築。但由於 RC 構造自身的重量較重，在位處強烈地震帶的臺灣建造 RC 高樓，除了柱子數量不能太少外，柱斷面尺寸也必須夠大，才能抵抗地震的侵襲，這樣就會占用較多的房屋使用空間。因此建造超高層大樓時，必須改採重量較輕但造價較高的鋼骨構造或 SRC 構造為結構體。

鋼骨構造──SS 構造

打造鋼骨構造的結構體，必須先將鋼板在鋼構工廠焊接，組合成工字型梁和箱型柱等，再載運到工地現場，以焊接和螺栓接合方式組裝成房屋。由於鋼骨材料本身具有高強

度和高延展性,所需要的梁柱尺寸可以比較小,柱與柱之間的距離可以比較大,樓層室內也可以有較大的淨高。鋼骨結構體整體重量比 RC 結構體輕很多,所以鋼骨構造特別適用於強震區的超高層建築。

鋼骨梁、柱是在鋼構工廠內先行焊接組裝,材質具一致性,與必須在工地現場綁紮鋼筋和澆灌混凝土的 RC 結構體施工相比,鋼骨大樓的施工品質較為可靠。但工地現場組裝時的焊接品質非常重要,必須仰賴熟練的專業焊工。

1994 年美國加州北嶺地震,就發現有不少鋼骨大樓的梁柱接頭出現非預期的脆性斷裂現象。1995 年日本阪神大地震時,倒塌或震毀的房屋超過 35 萬戶,其中以 SS 鋼骨結構,及 RC 與 SRC 兩種結構混合建造的房屋,毀損比率最高。這些現象引起大眾質疑鋼骨造建築物的耐震能力,學者專家也開始注意到,焊接過程所產生的高熱量,會導致焊道附近的鋼材脆化,失去原有的延展性,受力時容易斷裂。根據後來的研究結果,梁柱接頭的型式和焊接程序做了很多改良,使鋼骨構造仍然是耐震能力良好的結構體類型。

鋼骨材料雖然有高強度的優點,但非常怕火災。若直接曝露於火場,鋼骨結構會因高溫軟化,當溫度達到攝氏 300 至 400 度時,鋼骨強度會明顯降低,達到攝氏 500 至 600 度時,甚至會失去約 40% 至 50% 的強度,因此鋼骨結構體必須以防火漆或防火披覆層加以保護。但也因為有防火保護

層，以及大多被外裝及室內裝修材料包覆，鋼骨結構體在地震過後若有震損，不容易被發現並修復，這是它的缺點。

鋼骨大樓因為不像 RC 大樓那樣「笨重」，所以地震時搖晃幅度比較大。大部分的高層鋼骨大樓，遇強風就會搖晃擺動，容易引起大樓內的人員暈眩不適。當高層鋼骨建築必須承受的風力大於或接近地震力時，大樓梁柱的尺寸大小，

施工中的 SS 構造大樓

▲鋼骨大樓的梁柱事先在工廠製作完成，再運送到現場用焊接或螺栓組裝成整棟大樓結構。一般使用玻璃或金屬帷幕外牆。

一般是根據大樓所需承受的風力大小,及需容忍的擺動幅度而決定,並不是由地震力大小決定。

由於遇強震和颱風時搖晃幅度較大,所以鋼骨大樓的外牆必須採用可以隨大樓搖晃而滑動的玻璃或金屬帷幕牆,空調使用量大,室內隔間也必須採用輕隔間,這些都不合乎國人的生活習慣,因此 SS 純鋼骨構造用來建造辦公大樓或商業大樓比較多。

鋼骨鋼筋混凝土構造──SRC 構造

建築法規並沒有限制鋼筋混凝土 RC 構造大樓的高度,在不受地震威脅的地方,例如位於阿拉伯聯合大公國杜拜境內的世界第一高樓「杜拜塔」(Burj Dubai),樓高 828 公尺、樓層總數 169 層,從地下室到 600 多公尺高處,就是以鋼筋混凝土為主體結構所建造完成。

但在強震區的臺灣和日本,以鋼筋混凝土為主體結構的高樓,若蓋到 25 層以上,低樓層柱子的尺寸可能需要超過 1.3 公尺 × 1.3 公尺,約兩根柱子就要占用一坪大小的空間。因此日本發展出在鋼筋混凝土梁柱內埋置鋼骨的構造方式,稱為鋼骨鋼筋混凝土構造,簡稱 SRC。

SRC 構造可以有效減少低樓層的柱子尺寸,並結合 RC 和 SS 兩種構造型式的優點。同樣位在強烈地震區的臺灣,

採用 SRC 為構造型式的高樓也很普遍。但 SRC 大樓的建造工序複雜，造價昂貴，因此整棟大樓都採用 SRC 梁柱為結構體的建築並不多。常見的是在低樓層採用 SRC 構造，在較高樓層則轉換成 RC 構造或 SS 構造。

近年來，還從 SS 純鋼骨構造中發展出**「鋼構被覆混凝土構造」**，稱為 **SC（Steel Construction）構造**，用於高層住宅大樓的興建。SC 構造工法是採用混凝土做為鋼骨構造的防火披覆層，鋼骨梁柱外包覆的混凝土內也有鋼筋，稱為「溫度鋼筋」，但配置鋼筋的目的僅為了減少混凝土開裂，並不承受大樓自身重量和地震時搖晃所產生的地震力。

施工中的 SRC 構造大樓

- 箱型鋼骨柱
- 柱鋼筋
- 工字型鋼骨梁

SC 構造大樓的外牆可以用鋼筋混凝土施築，因應了國人的生活習慣。但若所有鋼梁都包覆混凝土，會增加整棟大樓的重量和地震時產生的地震力，所以有些大樓的鋼梁只在外牆部分包覆混凝土，室內鋼梁仍採用防火披覆或防火漆做為防火層，而隔間牆則採用輕隔間。但也有將混凝土包覆所有鋼梁鋼柱的建築。

　　此外，有些 SS 鋼骨高樓為了降低強風及強震時搖晃的幅度，會在箱型鋼柱內灌注高強度及高流動性的「自充填混凝土」，藉此增加柱子的「勁度」，以抵抗搖晃擺動，同時減少箱型鋼柱的尺寸，這稱為 **CFT（Concrete Filled Steel Tubular Structure）工法**，如臺北 101 大樓及南山廣場都有採用。

　　為了突破鋼筋混凝土構造方式在強震區建造高樓的限制，隨著高強度鋼筋和高強度混凝土材料研發成功，日本和臺灣的國家地震工程研究中心結合產業界，正積極推動「新一代高強度鋼筋混凝土材料與結構系統」的研發，這種系統簡稱 **New RC**，日本現今已經有很多五、六十層的高樓住宅採用「New RC」工法建造完成。

　　只要建築平面和立面造型的規劃對稱合理，並確實遵照建築耐震規範設計，施工時不「偷工」、不「減料」，不管是 RC、SS、SRC、SC，或者將來可能在臺灣出現的 New RC 構造大樓，都可以抵抗地震的侵襲，一樣都是安全的。

因此大家置產買預售屋或新成屋時，與其選擇房屋構造材料的類型，不如選擇信譽良好、有口碑的建商。

安全宅要點

1. **鋼筋混凝土建築是國內住宅的主要構造類型**：優點是地震時搖晃幅度較小，防水、防火性能佳，隔熱、隔音效果較好，符合國人生活習慣，造價也相對便宜。

2. **超高層大樓以鋼骨或 SRC 構造為主**：造價較高，室內可有較大使用空間，但純鋼骨造大樓地震時搖晃幅度較大，颱風時也可能搖晃引起居住人員不適，較常用來建造辦公大樓或商業大樓。

3. **重點在於遵守耐震規範**：新建房屋不管是 RC 造、SRC 造或 SS 鋼骨造大樓，只要確實依照耐震規範設計和施工，同樣能夠抵抗強震的侵襲。

10 辨別「制震宅」和「隔震宅」的真偽

　　自從 2016 年臺南維冠金龍大樓倒塌造成慘重傷亡後，市面上常可見到以「制震宅」或「隔震宅」為號召的高單價住宅建案廣告。什麼是制震宅或隔震宅？兩者的差別在哪裡？真實性又如何？購屋者在下訂前，最好學會辨別真偽。

什麼是制震宅？

　　地震對大樓的搖晃，會使得不同樓層的樓板產生相對位移，也就是居家的天花板和地板的相對位置發生變化，這在專業術語上稱為「層間變位」。

　　如果遇到強烈地震，天花板和地板間產生嚴重的層間變位，輕者會造成牆壁裂損、門窗變形無法開啟，重者則造成支撐樓板的梁柱裂損，甚至斷裂，導致房屋倒塌。制震宅的設計原理是在各樓層裝置**「制震器」**，以大幅減少樓層間的

相對位移，從而降低地震力對梁柱結構和牆體等的破壞。

市面上各廠牌的制震器五花八門，主要由鋼材和黏滯性液體或高分子材料組合而成，作用如同汽車的避震器，是一種消能的裝置，在專業術語稱為「阻尼器」。常見的制震器有斜撐式的阻尼器和牆板式的制震壁兩種類型，安裝在上下樓層的梁和柱子間的框架內。

這裡以斜撐式油壓阻尼器為例，說明它如何發揮制震功能。這種阻尼器由內裝黏滯性液體的圓筒和活塞組成，安裝在樓層梁柱框架間斜撐著，當地震引起大樓震動搖晃時，阻尼器會隨著大樓的搖晃反覆伸縮變形，同時產生阻力，以抑制上下樓層間的相對位移，並吸收結構振動的能量。這樣的阻力在專業術語上稱為「阻尼力」，可大幅降低大樓的搖晃幅度和時間，並降低強震對建築物造成的破壞力。

樓層愈高，地震時搖晃的幅度愈大。有的建商為了抬高房價或是廣告所需，只在承受地震力較大的一樓門廳或低樓層裝設少數幾組制震器，對提升整棟大樓的抗震性貢獻不大，這樣的大樓並不是真正的制震宅。

要稱得上制震宅，一般必須根據結構分析結果，**至少在二分之一到三分之二的樓層中裝設制震器，而且每一樓層中至少裝設四組**（樓層面積愈大需要裝設愈多組），對於建築物所需承擔的地震力，至少要能夠吸收 10% 以上，才可稱為制震宅，不足此量者有虛偽造假之嫌。

制震器的裝設

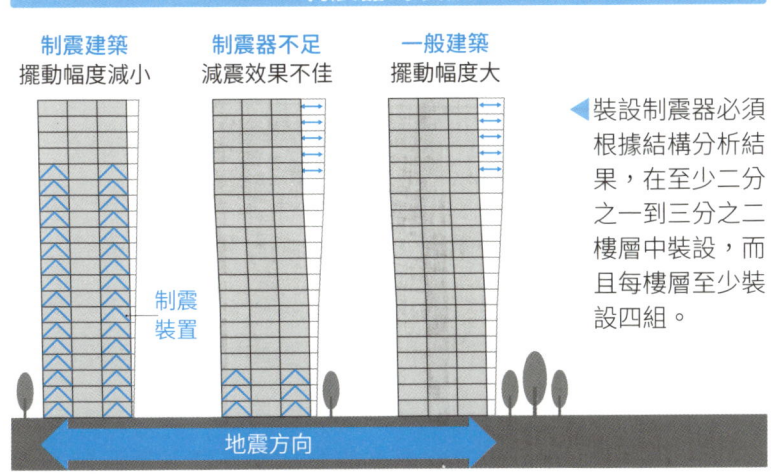

制震建築
擺動幅度減小

制震器不足
減震效果不佳

一般建築
擺動幅度大

制震裝置

地震方向

◀ 裝設制震器必須根據結構分析結果，在至少二分之一到三分之二樓層中裝設，而且每樓層至少裝設四組。

▲ 安裝中的斜撐式油壓阻尼器。

第 10 章｜辨別「制震宅」和「隔震宅」的真偽　123

但要裝設足夠的制震器，除了所費不貲外，常常還會影響建築的動線。因此在日本，已完工的隔震大樓數量，是制震大樓的四倍。

目前市面上還有一種「號稱」的制震宅，是建商自知制震器只供裝飾作用，所以不敢要求降低大樓梁柱結構的斷面尺寸，但這種大樓也不是毫無問題，因為這些制震器的裝設位置，往往是由建商和賣房子的代銷公司自行決定。若制震器裝設位置不恰當，或沒在裝設處的梁柱做應有的補強，地震時反而可能造成制震器周圍的梁柱破壞，甚至斷裂，危及大樓結構的抗震安全。這好比人亂吃補藥一樣，不但無益，反而有害。

如果真的設置足量的制震器，並計入制震器減震消能的效果，可以酌減大樓梁柱結構所承擔的地震力，這樣所設計出來的梁柱尺寸自然小於一般大樓，可避免較大的梁柱占用室內可使用空間。

建管單位規定，採用制震設計的大樓需委託結構技師公會等外部單位審查通過，才會核發建照，因此建議購屋者要求查閱外部審查圖說及文件，看看其中有無加設制震器的審查項目，若皆齊備，才算是真正的制震宅，否則可能是為了賣房子廣告所需，後來才自行加上的偽制震宅。

由於大樓搖晃幅度必須達到一個程度，樓層間產生較大的相對位移時，制震器才會發揮功能，因此制震器安裝在高

瘦型建築，比安裝在低矮型建築中，能獲得較好的減震效果。鋼骨大樓又比鋼筋混凝土大樓，更適合規劃設計成制震宅，這是因為鋼筋混凝土大樓較為剛硬，規劃為制震宅效益不大。

然而，即使安裝足夠的制震器仍不是耐震安全的保證。制震器最多只能消散 20% 至 30% 的地震能量，因此大樓結構本身仍應確實依照耐震規範規劃設計，並嚴格落實施工品質，才能確保建築的耐震安全。

制震器的品質及日後維修非常重要

目前臺灣建案中所裝置的制震器大多由美、日等大廠製造，惟日本某大廠也曾爆發過偽造制震器效能數據的事件，因此建案所使用的進口制震器，仍應抽樣送國家地震中心實驗室測試，以驗證功能。

特別要注意的是，裝設制震器之後並不是一勞永逸，若地震過大，制震器仍可能超過負荷能力而損壞，因此制震宅必須有健全的大樓管理委員會，定期委請專業人員檢查，並於地震過後做特別檢查。

若制震器損壞，應立即修復或拆除更換，以確保下次強震來襲時能發揮功能。

此外，裝設制震器的地點應避免過多裝潢，並預留檢視及修復或拆換的空間。

什麼是隔震宅？

　　一般建築物會將大樓基礎與房屋上部結構建造成一體，而隔震大樓是在建築物和基礎之間設置柔性的**隔震層**，將地震引起的建築物變形集中於隔震層，有效的隔離和消耗地震能量，減小地面震動向上部結構傳遞，從而保護上部大樓結構的安全。視建築功能的要求，隔震層也可以設置在一樓或較低樓層的下方。

　　常見的**隔震墊**由鋼板、鉛心及特殊橡膠組成，必須承受得住大樓上部的重量，在水平方向則必須足夠柔軟、容易變形，才能夠隔離地震波。當地震來襲時，隔震墊能夠帶動上方大樓隨著地震的方向來回平移，並在地震過後恢復原位。因此遭遇強震時，隔震層上面的大樓不會像一般大樓那樣猛烈搖晃，不同樓層間的相對位移非常小，結構體和隔間牆等也就比較不容易因變形太大而開裂破壞。而且由於是緩慢平移，室內家具和擺設物不易傾倒，同時降低了大樓內住戶的驚恐感覺。因此隔震大樓在日本稱為**免震大樓**。

　　特別需要注意的是，因為隔震層將建築物的上部結構和下部結構隔開，強震時由於上部結構平移，會使通過隔震層的水電、瓦斯、空調、消防等配管，容易因地震力量拉扯或擠壓而損壞，因此通過隔震層的管路必須設計成懸吊式，且為可撓性軟管，這樣才可隨地震搖晃、不受拉扯破壞，以確

隔震層的裝設

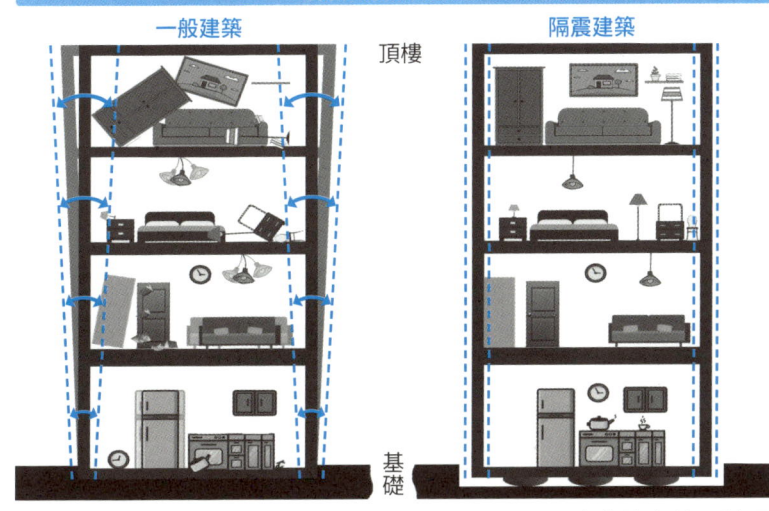

一般建築　　頂樓　　隔震建築

基礎

▲一般建築（左）的基礎與上部結構為一體，地震時愈往高樓層搖晃愈大。隔震建築（右）以隔震層減少地面震動向上傳遞，變形集中在隔震層，上部結構隨地震方向來回平移，不像一般大樓那樣猛烈搖晃。結構體和隔間牆較不易裂損，家具和擺設也比較不會傾倒。

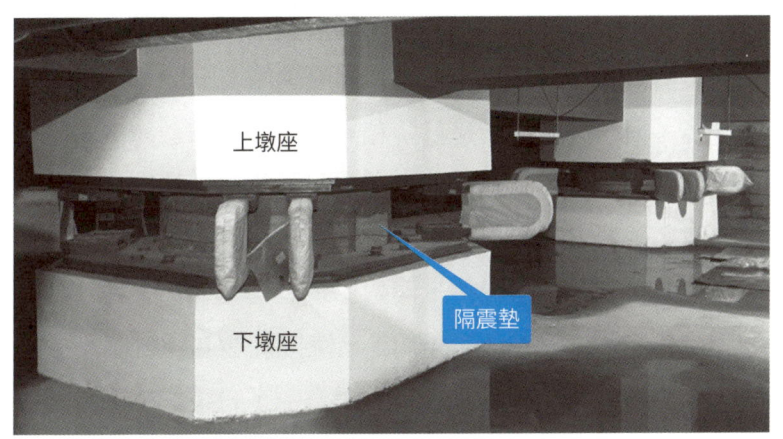

上墩座

隔震墊

下墩座

▲安裝中的大樓隔震墊。

第 10 章｜辨別「制震宅」和「隔震宅」的真偽

保強震來襲時，住戶仍保有正常水電供應。電梯也必須配合隔震層做特殊設計，而且必須經過特殊結構外審通過，才能取得建照，因此隔震大樓不容易造假。

隔震大樓具有良好的抗震效果。2011年東日本大地震時，仙台近50棟隔震建築，包括超過100公尺的超高層大樓，在地震後完好無損。福島核電廠的核災，也不是地震直接破壞建築物和核電機組所引起，而是地震後的海嘯淹沒核電機組的冷卻水循環系統而造成。

福島核電廠指揮部為隔震大樓，地震過後結構及裝修無任何損壞，內部設備儀器無一掉落，仍然完好無損，地震中指揮系統功能照常運行。1994年加州北嶺地震，南加州八所大型醫院中有七所全面癱瘓，僅一所因具有隔震設計，仍能照常運作。

設計規劃嚴謹的隔震建築，經證明的確能保護建築物及室內設備等不受地震破壞，維持功能運作，因此臺灣自921地震後，很多大型的新建醫院和重要的資料庫數據中心等，也採用隔震方式規劃設計。以隔震設計為號召的豪宅建案也日漸增多。

臺灣自921地震過後，開始出現制震及隔震大樓。據統計，截止2023年底，國內隔震大樓接近200棟，制震大樓則超過700棟。無論是制震宅或隔震宅，日後的維護和檢修都非常重要，因此健全的大樓管理制度非常重要，購屋者下

訂前也要考慮是否願意分擔日後較高的維護檢修、甚至拆換制震器或隔震墊的費用。

風阻尼器也能減震

每當地震時，懸吊於臺北 101 大樓第 92 至 87 樓間的金色大圓球的擺動幅度，總是成為媒體報導的重點。這個吊掛在第 92 樓樓板、重達 660 公噸的單擺式大垂球，以八支油壓阻尼器與 87 樓的樓板相連接，正式名稱為「**調諧質量塊阻尼器減振系統**」，實際上是為了降低大樓在強風時的

臺北 101 大樓的風阻尼器

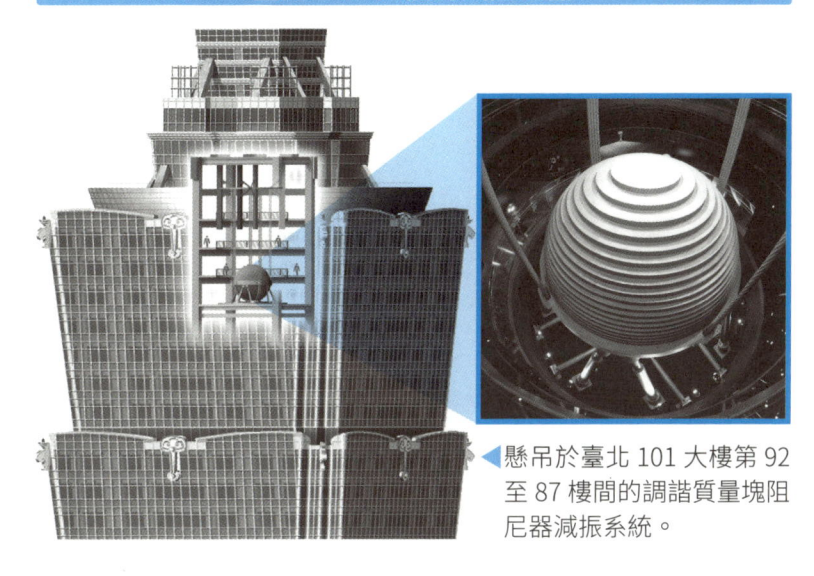

◀懸吊於臺北 101 大樓第 92 至 87 樓間的調諧質量塊阻尼器減振系統。

搖晃，以減低大樓裡面人員產生暈眩等不適感而設的風阻尼器，並不是為了地震時的減震目的而設。

像臺北 101 大樓這種超高層大樓，風力對大樓結構的影響比地震力還大，因此根據大樓必須承受風力的大小而設計的結構體，也都足夠抵抗地震力。101 大樓的大垂球之所以需要從 92 樓懸吊到 87 樓，是為了讓它在強風時產生與大樓搖晃頻率相同，但方向相反的擺動，以降低大樓的搖晃幅度。風阻尼器在強震時也能發揮減震的功能，只不過它的主要目的是為了抗風。

安全宅要點

1. **制震宅**：至少二分之一樓層到三分之二樓層裝設制震器，且每一樓層中至少裝設四組。能夠吸收建築物所需承擔地震力的 10% 以上。
2. **隔震宅**：設有柔性的隔震層，將建築物的上部和下部結構隔開。地震時，隔震墊能帶動上方大樓隨著地震方向來回平移，而不會猛烈搖晃。
3. **制震宅和隔震宅需要較高的維護費用**：需要定期委請專人檢查維護，甚至可能需要拆換制震器或隔震墊，維護檢修費用高。健全的大樓管理制度非常重要。

11 低層街屋的耐震安全

　　臺灣的城鎮和鄉間隨處可見成排連棟、樓高三至五層的店鋪式住宅，俗稱「店厝」。由於國外稱店鋪與住宅兼用的建築為街屋（town house），因此學者也將臺灣的店鋪式住宅稱為「街屋」。很多這樣的低層店鋪式住宅，在 921 地震時整排崩塌，造成民眾嚴重死傷，只是不如高層集合住宅大樓的倒塌引起媒體關注報導。

　　臺灣低層街屋的特色是呈狹長型，每戶面寬僅約 4.5 至 5.45 公尺，長約 20 餘公尺，一樓當店鋪使用，二樓以上供住宅使用，鄉間街屋也有的是將一樓做為客餐廳及廚房。每戶面寬不超過 5.45 公尺，應是源自清代對於店面的建築規範：「每座廣闊一丈八尺（約 5.45 公尺）、進深二十四丈」，即所謂「丈八店面」約定俗成而來。

　　臺灣街屋的另一特色是，一樓臨街常有舊稱「亭仔腳」的騎樓，供行人通道及遮陽避雨之用。有騎樓的臨街建築在

中國大陸東南各省和東南亞各地也很普遍，應與這些地區的氣候炎熱多雨有關。

臺灣早期街屋樓層不超過三層，以磚木混合構造為主，目前所剩不多。1970至1990年代，因鋼筋混凝土建材普及，興建了大量鋼筋混凝土造或加強磚造的街屋。加強磚造是先砌磚牆，再施建鋼筋混凝土梁柱以束制磚牆，磚牆是承載房屋重量與抵抗地震的主體。這種構造在外觀上與鋼筋混凝土建築非常相似，一般人不容易分辨。到1990年代，新建的加強磚造建築已較少見。

街屋因屋寬狹窄，為了避免柱子占用使用空間，因此加強磚造用以束制磚牆的鋼筋混凝土梁柱，不會凸出牆面，即使是鋼筋混凝土造街屋，柱子尺寸也都偏小，不足以耐震。典型的街屋一樓的出入口分前後門，臨街道或臨馬路的前門為整片的鐵捲門或落地門。屋後外牆除後門外，也開大片的窗戶以利狹長型街屋採光，一樓屋內除了樓梯間牆外，沒其他的牆面，二樓以上做為臥房又有很多隔間磚牆，這便成為頭重腳輕、先天不耐震的軟腳蝦建築。

921地震時發現，一條街道的南北兩側建了外觀雷同的街屋，北側街屋整排倒塌，南側街屋雖有震損但沒倒塌。震後災害調查發現，兩者最大的區別是樓梯的方向不同。

南側街屋的樓梯牆壁與隔戶牆垂直，為東西向，因此可以抵抗東西向地震力；相較之下，北側街屋的樓梯牆壁與隔

戶牆平行,雖然可以抵抗南北向地震力,但是無法協助建物抵抗東西向地震力。僅僅因為樓梯方向的差別,北側街屋沿著馬路方向倒塌,南側街屋卻震損未倒。

地震力侵襲方向若平行於牆面,牆面即使只是磚牆,也可以發揮很大的抗震作用,震後牆壁一般只會裂損,不會倒塌。如圖,街屋每隔約五公尺有一道兩戶之間的共同牆壁,

街屋樓梯方向的抗震影響

▲道路北側房屋樓梯與隔戶牆平行,難以抵抗東西向地震力。南側房屋樓梯與隔戶牆垂直,可抵抗東西向地震力。

長達 20 餘公尺無任何門窗開口，因此對南北向的地震力侵襲有很強的抵抗力，但卻很容易被垂直於牆面的東西向地震力所推倒。南側街屋的樓梯及樓梯牆壁為東西向，與隔戶牆互相垂直，因此對東西向的地震力發揮了關鍵的抗震作用。北側街屋因隔戶牆和樓梯牆壁都無法抵抗東西向的地震力侵擊，再加上街屋為頭重腳輕的軟腳蝦建築，遇到像 921 這麼大的地震侵襲，也就像骨牌一樣整排應聲而倒，軟弱的一樓被震成瓦礫堆，整層都不見了。幸好地震發生在凌晨，住戶都上樓睡覺，因而減少不少傷亡。

牆壁可提升建築物耐震力

◀當地震力與牆壁垂直時，牆壁容易被震倒，無法協助柱子抵抗地震力量。

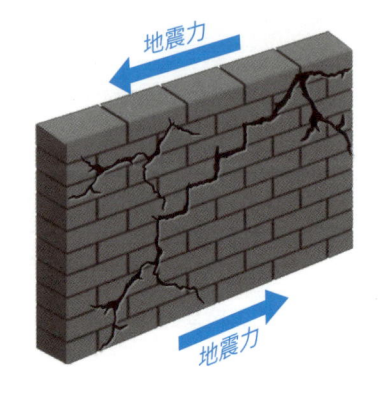

▶當地震力與牆壁平行時，牆壁就如同一根粗壯的柱子，可協同抵擋地震力。即使震後出現裂痕，只要適時修補，仍可在下次地震時繼續發揮抵抗地震的功能。

騎樓不是街屋倒塌的原因

921 地震時，很多未倒塌街屋的騎樓柱嚴重損毀，不少「專家」因此把街屋倒塌歸因於騎樓式建築不耐震，公部門甚至有主張廢除騎樓的說法，當時身為臺北市結構技師公會理事長的我立刻表達反對意見。只因看到很多未倒塌街屋的騎樓柱嚴重損毀，便歸因騎樓式街屋不耐震，這是典型的「倖存者偏差」。

二戰期間，英美空軍為了抵抗德國戰鬥機與高射炮的攻擊，擬對轟炸機的機身鋼板加厚補強。軍方發現中彈後歷劫歸來的飛機，機身上的彈孔位置大多位於機翼與機尾，因此擬在機翼和機尾上加厚鋼板。英國皇家空軍請美國哥倫比亞大學統計學教授沃爾德（Abraham Wald）進行分析與評估，沃爾德卻提出不同的意見。

沃爾德認為，轟炸機駕駛座艙與引擎位置的鋼板最應該強化，因為飛回來的飛機這兩處的彈孔最少。為什麼彈孔最少的地方，反而最應該加厚鋼板？沃爾德解釋，那是因為這些部位遭擊中的飛機，大部分無法返航，早就墜毀在歐洲內陸或海上。沃爾德又舉了一個更淺顯易懂的例子，他說戰地醫院裡「腿部中彈的傷兵比胸部中彈的多，這並不是因為胸部中彈的人少，而是胸部中彈後難以存活。」沃爾德這個比喻說服了所有人，軍方後來採用他的建議，降低了 60% 的

轟炸機墜毀率。這就是有名的「倖存者偏差」。

看到騎樓柱在強震中嚴重損毀，就將街屋的倒塌歸因於騎樓式建築，進而主張廢除騎樓，也是一種邏輯謬誤的「倖存者偏差」。騎樓柱在強震中嚴重損毀，是因為柱內箍筋間距太大、箍筋閉合處未做耐震彎鉤、混凝土強度不足，及柱內埋設了管徑甚大的屋頂落水管等原因所致。這些騎樓柱雖然施工品質有問題，但對街屋的耐震能力還是有貢獻，如果沒有騎樓柱，這些街屋可能早已完全倒塌了。

低層街屋的耐震補強不容忽視

921 地震時在重災區倒塌的低層連棟式街屋，仍普遍存在於全臺各地。據統計，921 地震罹難者中，約有 31% 是在這類街屋中遇難，建議該類建築的屋主不要忽視未來再逢強震時可能的安全隱憂。

另外值得大家特別注意的是，大部分低層街屋的出入口為電動鐵捲門，鐵捲門可能在強烈地震後因停電或變形而無法開啟，造成無法及時逃生的後果。以 921 地震中寮鄉永平村為例，56 位罹難者中，有 13 位是因為電動鐵捲門無法開啟而在餘震來襲時遇難。電動鐵捲門在國內極為普遍，這一問題值得災防相關單位和民眾特別注意。

國內的結構耐震學者針對臺灣街屋的特性做了大量研

究，提出一些簡易可行、所需工程費不多的結構補強方法，可防止街屋在強烈地震中倒塌。該類建築的屋主不妨善用政府提供的「弱層補強」輔導及補助，保護自己的生命及財產安全。

安全宅要點

1. **牆面有助耐震**：地震力侵襲方向若平行於牆面，牆面即使只是磚牆，也可以發揮很大的抗震作用。這是不符合現行耐震規範（甚至沒有耐震設計）的老屋，遇強震仍然不會倒塌的根本原因。

2. **電動鐵捲門隱憂**：鐵捲門可能在強烈地震後因停電或變形而無法開啟，造成無法及時逃生，需特別注意。

3. **尋求政府輔導及補助**：政府提供「弱層補強」輔導及補助，可至國家地震工程研究中心「私有建物耐震弱層補強資訊網」查找相關資料。

12 老屋為何不會在強震中倒光光？

2016 年，美濃地震造成臺南維冠金龍大樓倒塌，115 位民眾罹難。兩週年時，同樣在 2 月 6 日，花蓮發生規模 6.2 的淺層強震，造成當地四棟大樓倒塌及嚴重損毀（必須拆除）。其中引致最多傷亡的雲門翠堤大樓，興建完成於 1994 年，屋齡僅 24 年。

每次地震倒塌造成死傷嚴重、搶救困難而成為全國矚目焦點的，明明絕大部分為屋齡相對新的大樓，但政府及媒體卻一面倒，聚焦檢討老屋的抗震安全，理由不外是愈老舊的房屋愈不符合現在的耐震規範，所以愈危險。甚至有教授級名嘴在電視上斷言：「若震度 7 級地震發生在臺北，房子倒光光了，不要說 7 級，6 級就差不多倒一片了！」我認為負責任的學者要教大家居安思危，並提出具體的專業建議，不應為了蹭聲量而製造社會恐慌。

為什麼屋齡僅 22 年的臺南維冠金龍大樓，和屋齡 24 年

的花蓮雲門翠堤大樓在強震中倒塌，周圍沒有耐震設計的老舊低矮房屋，卻沒有跟著倒光光？這要從一棟房屋如何抵抗地震力說起。

房屋要抗震，一是靠它的結構體強度，二是靠結構體消散地震能量的變形能力。愈高的大樓在地震時的搖晃程度愈大，愈需要靠它的結構體有變形能力來消散地震的能量，因此耐震設計的韌性要求對大樓就特別重要。低矮房屋在地震時所承受的地震力和搖晃程度相對較小，若房屋本身有足夠的強度，即使缺少韌性變形的能力，也可以抵抗地震的侵襲而不倒塌。

1970年代蓋的房子，因為當時還沒有嚴謹的耐震設計規範，一般都以房屋重量的10%為設計地震力來設計它的梁柱結構，也不必考慮結構體的變形能力。那時候蓋的房屋大多為五樓以下，特點是隔間磚牆多。這些磚牆雖未當成抗震結構設計，但遭逢地震時，卻能發揮如同抗震剪力牆的作用。若磚牆未被拆除或沒有被震毀，會和梁柱結構共同抵抗地震力，其保護房子不倒塌的功能，甚至比它的梁柱結構還要大很多。

這正是老舊房屋雖然耐震設計不足，但遇到強震卻不會倒塌的根本原因。因此我們一再呼籲，**老舊房屋的磚牆不可以任意拆除**。

老舊公寓住宅一樓改商業用途的潛藏危機

　　都會區由於商業發展，很多這類老舊公寓的一、二樓磚牆往往被任意拆除，將空間做為超商、賣場、餐廳等，變成有重大耐震缺陷的軟腳蝦式建築。大地震來時，一、二樓少了原來的磚牆分擔地震力，地震衝擊只由原先抗震能力就不足的梁柱來承擔，若遭遇強震來襲，很容易應聲倒塌。

　　即使不是太老舊的房屋，若一樓改為超商等商業使用，遇到強震時也比較危險。例如 2022 年 9 月 18 日臺東池上鄉發生芮氏規模 6.8 地震，花蓮玉里震度達到 7 級，位於中山路二段一棟 1995 年落成的三層樓房，就因一樓改裝為 7-11 超商，原有外牆全改為玻璃帷幕牆，以致在周圍房屋都沒倒塌的情況下，唯獨這棟三層樓房嚴重崩塌，所幸四名受困民眾全數救出。在 921 地震時，這類改裝的老舊住宅也有很多倒塌。

　　對於一樓住宅拆除隔間牆，改裝成超商、賣場、餐廳等現象，政府已新頒法令，規定樓地板面積達 1000 平方公尺以上者，需委託專業人員辦理耐震能力評估檢查並定期申報，但隨處可見的小型便利商店等，卻仍不在法令管理範圍內。樓上住戶若擔心一樓拆牆危及結構安全，向建管單位檢舉，建管單位往往要求一樓屋主，提出專業技師或建築師出具的不影響結構安全鑑定報告，便予結案。

這種做法不啻於找人背書,只是找個人在萬一屋毀人亡時負責而已。專業技師或建築師良莠不齊,有的對結構耐震專業素養不足,有的長期與室內裝修廠商配合,在利之所趨下抱著僥倖心理出具報告,實在很難期待這樣的報告有公信力可言。

建議政府再行修法,對於這樣的裝修糾紛,比照新建工地損壞鄰房的糾紛處理,由利害關係人——即裝修戶樓上的住戶,指定專業技師出具報告,否則民眾只能在選擇住家時自行趨吉避凶了。

老舊住宅一樓拆牆的危機

▲ 921 地震時,南投市公寓因一樓改裝為超商,形成軟弱層型建築而倒塌。

老舊公寓二樓以上的隔間牆也不可隨便拆除

除了老舊公寓一樓改為商業使用的潛藏危機外，二樓以上公寓隔間牆的拆除也會帶來危機。購買公寓的國人不可避免都要重新裝修一番，尤其在少子化風潮下，原有三房可能改為兩房，或者把廚房與餐廳間的隔間牆拆除，改為開放式廚房等，以增加空間的明亮和現代感。

很多室內設計師會先畫裝修後的透視圖，讓人感到很憧憬，並告訴你只要沒動到梁柱，拆除隔間磚牆並不影響結構安全，殊不知這些行為可能危及你的住家在強震來襲時的耐震安全。

一般五樓以下老公寓屋內的牆面大都是磚牆，裝修時不要因為是磚牆就隨便拆除，尤其是與隔壁鄰居間的隔戶牆。隔戶牆通常是厚度 23 公分的 1B 磚牆，這些 1B 磚牆在強震時可以承擔很大的地震力，彌補老舊房屋梁柱結構抗震能力的不足。有些公寓住戶會把鄰戶買下來，拆除隔戶牆，打通兩戶讓居家空間更加寬敞，這是老舊公寓抗震的大忌。

此外，很多老舊加強磚造房屋的 1B 磚牆也有支撐樓板的功能，貿然拆除可能導致樓上住戶地板下陷，結構技師公會處理過很多這樣的糾紛。

一般老屋室內的隔間磚牆厚度只有 0.5B（11.5 公分），但拆除時也要慎重。老舊公寓有些是加強磚造房屋，有些雖

然可能是一般的鋼筋混凝土梁柱構造，但梁柱並未經過特別的耐震設計，室內多一道磚牆，對自己及家人的生命安全就是多一道保障。

拆除太多隔間牆，可能使你住家這一層，相對於其他樓層顯得較為軟弱，成為抗震大忌的軟弱層，強震時，會產生較其他樓層更大的層間變位，使得原先就沒韌性變形能力的柱子更可能應聲折斷。總之，絕對不要貪圖空間的寬敞和動線的流暢，置抗震安全於不顧。

1B 與 0.5B 磚牆

▲左圖為砌築中的 1B 厚度磚牆，右圖為施工中的 0.5B 厚度磚牆。*

---

* 1B 為一塊紅磚的長邊長度，0.5B 為紅磚的短邊長度，約為長邊的一半。磚的厚度則約為長邊的四分之一。

目前建管單位規定六層樓以上集合住宅，及五層樓以下集合住宅，若有新增廁所、浴室，或有新增兩間以上的居室，必須提出室內裝修許可（即針對五樓以下集合住宅隔成套房出租的管理），但五樓以下老舊公寓的隔間牆，卻不需許可就可拆除。我希望大家確實了解隔間牆在強震時，對保障生命安全的重要性，切不可隨意拆除。

大樓及華廈要拆除隔間牆也該慎重

一般大樓或電梯華廈有較完整的梁柱結構，但一樓若原為住宅使用，改為商業用途時不宜貿然將原有隔間牆大肆拆除，這會使得整棟華廈變成軟腳蝦建築。不管是國內或國外的震災調查結果，都證明軟腳蝦建築是最容易倒塌的房子。

不只一樓軟弱會造成大樓倒塌，如果大樓某一層的牆面被大量拆除，以致牆面較其他樓層明顯少很多，這樣的中間軟弱層也非常危險。例如 921 地震時，臺中大里的一棟大樓因三樓牆面大量拆除，以致成為軟弱層，結果三樓承受不了地震力而坍塌。

老舊大樓或電梯華廈的鋼筋混凝土牆如果厚度在 15 公分以上，通常是結構牆，千萬不能拆除，牆面上方有梁、兩邊有柱、沒有開口的 1B 隔間磚牆，或鋼筋混凝土隔戶牆，也不要拆除。其他屋內隔間若確有變更的需要，建議先找結

構技師評估是否影響耐震安全，是否有相對應的補強方式，之後再行辦理。

在結構抗震設計中，雖然並未計入隔戶牆或隔間磚牆的貢獻，但因臺灣以往沒有嚴謹落實耐震規範，結構技師公會承辦很多早期建物的耐震安全評估，更發現混凝土磅數不足是非常普遍的現象。在這樣的情況下遇了幾次強震卻沒倒塌，主要原因是牆體為梁柱分擔了很大的地震力，在牆體被震裂前，梁柱承受的地震力還不是很大的緣故。

很多房子在強震後，牆面產生 45 度或交叉的大裂縫，那是牆面為了保護你和家人的生命安全身先士卒，鞠躬盡瘁被震壞裂損了。震後應該盡速修復補強這些牆面，下次強震

大樓中間的軟弱層

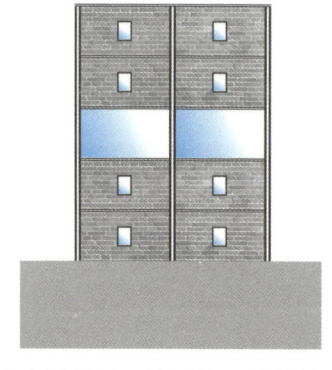

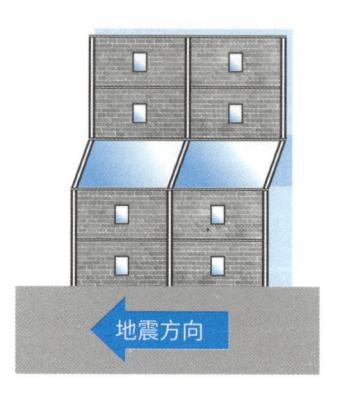

▲大樓的某一樓層為了開放性的營業空間而拆除牆壁時，該樓層也會成為軟弱層。

來襲時,它們才能繼續為你捍衛家園。此外,我過去時常呼籲室內不要過分裝修,勿將牆面用裝修材料隱蔽起來,以免強震後無法檢查受損情形並做修復補強。

由於大樓各樓層的梁柱尺寸大小,一般都與受力最大的一樓梁柱尺寸相去不遠,因此高樓層的梁柱比較有餘裕抵抗地震力,最上面三分之一樓層(例如 12 層大樓的第 8 至 12 樓)隔間牆拆除比較沒問題,但建議要拆除前,還是先找結構技師評估。

震後磚牆上的交叉大裂縫

◀磚牆在強震時,幫梁柱承擔很大的地震力,因而產生斜向交叉大裂縫,應於震後進行修復,確保下次地震來襲時房屋結構安全。

安全宅要點

1. **隔間磚牆能發揮抗震作用**：老屋的隔間磚牆多,雖不計入抗震結構設計,但當地震來襲時,卻能發揮如同抗震剪力牆的作用。

2. **較厚的隔戶牆在強震時可承擔很大的地震力**,彌補老舊房屋梁柱結構抗震能力的不足。

3. **不可隨意拆牆**：絕對不要貪圖空間的寬敞和動線的流暢而置抗震安全於不顧。

4. **震裂的牆面應盡速修復**：因強震而產生 1 元硬幣可插入的斜裂縫或交叉裂縫的牆面,震後應該盡速修復,下次強震來襲時,這些牆面才能繼續捍衛你的家園。

13 房子是海砂屋怎麼辦?

　　1980 年代是國內公共工程和建設業最興盛的時期,因河砂開採不敷所需,很多砂石業者轉往河流下游、靠近出海口處開挖,因而出現後來會影響結構安全的海砂屋。

　　1994 年 4 月 22 日,臺北士林的福林家園社區因地下室頂板的混凝土大面積剝落,梁柱裂縫處處可見,成為全臺第一處被鑑定為海砂屋的建築物。爾後全臺各地曝光的海砂屋層出不窮,住戶民眾隨時都擔心頂上的混凝土塊從天而降。即使沒遇上地震,海砂屋也是不安全的建築物。

　　海砂屋的專業正式名稱是「高氯離子含量混凝土結構物」。混凝土澆置時,其中的水泥在水化反應之後會產生大量鹼性的氫氧化鈣,使凝固後混凝土內部的孔隙水呈鹼性(酸鹼值大於 12),混凝土內部的鋼筋在鹼性環境中,表面能生成一層穩定而緻密的鈍態保護膜,使鋼筋本身難以鏽蝕。但若混凝土內部含有高量氯離子,氯離子可穿透鋼筋表

面的鈍態保護膜，從而創造鋼筋氧化鏽蝕的條件。鋼筋鏽蝕後除了強度驟減外，鏽蝕生成物為鋼筋體積的三至七倍，會擠壓周圍的混凝土，使混凝土結構很容易出現開裂，甚至造成大片混凝土塊崩裂剝落的現象。

1994 年海砂屋問題出現以後，經濟部標準檢驗局之前身──中央標準局，於 1994 年 7 月 22 日新修定的國家標準「CNS 3090 預拌混凝土」中，規定新拌混凝土的氯離子含量：一般鋼筋混凝土中需小於 0.6 kg/m^3。1998 年 6 月 25 日，這項標準改為 0.3 kg/m^3，2015 年 1 月 13 日（最新修定版本）後的最新標準為 0.15 kg/m^3。

以上規定為新拌混凝土的氯離子含量標準，但已凝固的硬固混凝土氯離子含量尚無國家標準可沿用，在這樣的情況下，實務界及司法訴訟均引用新拌混凝土氯離子含量標準，做為海砂屋的判定標準，依房屋建成的不同時期而採用不同的標準。

混凝土內氯離子含量超標，不一定會有海砂屋的損壞現象，就好像我們健康檢查某些指數超標，不一定會馬上出現異狀，仍可以正常生活一樣。綜合過去對海砂屋鑑定的經驗顯示，會有明顯損壞現象的海砂屋，除了**氯離子含量超標**外，常常伴隨著**混凝土強度偏低**，或**鋼筋的混凝土保護層不足**的現象。

強度偏低的混凝土內部含有大量孔隙，環境中的侵蝕性

氣體，如二氧化碳、二氧化硫等，容易進入混凝土內的孔隙，與原有鹼性的氫氧化鈣反應，降低混凝土內部的酸鹼度到 8.3 以下，這個過程稱為混凝土「**中性化**」。若中性化的深度到達鋼筋表面，鋼筋表面的鈍態保護膜便容易被氯離子穿透破壞，因而加速鋼筋的鏽蝕。若鋼筋的混凝土保護層不足，混凝土中性化會更快到達鋼筋表面，海砂屋破壞現象就會更早發生。

典型的海砂屋損壞現象，先是樓板產生大量間距相同的平行裂縫、梁底產生水平裂縫，以及表面有混凝土塊鼓起鬆

海砂屋樓板損壞現象

▲圖中海砂屋的樓板混凝土大片剝落，鋼筋鏽蝕並裸露在外。

動等現象，繼而混凝土大片剝落，鋼筋裸露在外（通常已嚴重鏽蝕），這是大家在媒體上常看到的海砂屋損壞現象。如果連柱子也發現垂直裂縫及混凝土剝落，問題就更嚴重了。

海砂屋鑑定及重建獎勵

為鼓勵海砂屋善後處理，臺北市及新北市政府均訂定有善後處理辦法，以及鑑定原則手冊，適用於 1995 年 1 月 23 日前由民間興建的建築物。若建築物有明顯的海砂屋損壞現象，得由政府補助經費，委託市府認可的高氯離子混凝土建築物鑑定機關（構）辦理鑑定。

鑑定項目除了氯離子含量外，還必須包含各樓層的損害狀況調查、混凝土抗壓強度、混凝土中性化程度、鋼筋保護層厚度、鋼筋腐蝕速率檢測，及建築物耐震能力詳細評估等，由鑑定單位綜合各項檢測結果，依規定原則判定為三種等級，分別是「安全無虞」、「結構有疑慮需再補強」、「需拆除重建」。鑑定後的處理，可向主管機關申請補強或防蝕處理補助費、拆除補助費等。

除了經費的補助外，臺北市及新北市的海砂屋若經鑑定必須拆除，並於一定期限內重建，得享有 30% 容積獎勵。臺北市海砂屋若辦理都市更新，除了有海砂屋重建的 30% 容積獎勵，還可申請都市更新容積獎勵。

新北市的海砂屋若辦理都市更新，兩項容積獎勵相加上限不得超過 50%。自 2023 年 7 月起，只要社區整合重建意願超過 50%，新北市政府將協助進行初步規劃及財務試算，若民眾重建意願超過 80%，即可啟動公辦都更程序，協助民眾辦理都更。

如何避免買到海砂屋？

臺北地區民眾若擔心買到海砂屋，可於簽約前上臺北市政府網站查詢，是否為**臺北市高氯離子混凝土建築物善後處理自治條例列管清冊**（即一般所稱「海砂屋列管清冊」）裡的名單。截至 2023 年 9 月止，臺北市列管的海砂屋有 283 棟，總計 5549 戶。如為新北市建物，可利用新北市**高氯離子鋼筋混凝土建築物查詢**系統，輸入建物地址即可查詢。

然而，不在列管清冊或查詢名單中的，並不保證不是海砂屋。有些住戶擔心影響房價，即使有海砂屋疑慮也傾向於不向政府反應。尤其，臺北地區以外的海砂屋，即使給予容積獎勵，重建也非常困難，建議購屋時還是要盡量避免買到海砂屋。

購買中古屋看屋時，如果屋內頂板都用天花板裝修起來，建議要求拆除部分天花板，查看裡面樓板的狀況，同時查看地下室及樓梯間等樓板裸露在外的公共設施，是否有

疑似海砂屋的損壞現象。若橫梁有水平裂縫或柱子有垂直裂縫，更要特別注意。

若有疑慮可與屋主協商，可請經 TAF 認證的混凝土實驗室來鑽取混凝土粉末做氯離子檢測，每戶取三處費用約 4500 元。若是簽約後才發現是海砂屋，除非有辦法舉證屋主或仲介刻意隱瞞，否則很難解約，不可不慎。

安全宅要點

1. **購屋前先查詢受列管的海砂屋**：如臺北市建管處「臺北市高氯離子混凝土建築物善後處理自治條例列管清冊」（即「臺北市海砂屋列管清冊」）及「新北市高氯離子鋼筋混凝土建築物查詢」系統。但有些海砂屋並未列管。

2. **典型的海砂屋損壞現象**：樓板有平行裂縫、梁底有水平裂縫及表面有混凝土塊鼓起鬆動等現象。若混凝土已大片剝落、鋼筋裸露在外、柱子有垂直裂縫及混凝土剝落，則問題更嚴重。

3. **看屋時記得檢查樓板，或做海砂屋檢測**：可要求拆除部分天花板以查看樓板，並查看地下室及樓梯間等樓板裸露在外的公共設施是否有海砂屋現象。若橫梁有水平裂縫或柱子有垂直裂縫，更要特別注意。

14 夾層屋問題知多少

　　某一建商曾在臉書上貼文：「捷運站 400 米全新小豪宅……」並輔以「樓高 6 米樓中樓住家」的使用示意照片，公平交易委員會認定此舉涉及廣告不實，使人誤以為是樓中樓住宅戶，違反公平交易法規定，因此處以新臺幣 100 萬元罰鍰。

　　為什麼這是不實廣告？

　　現行建築技術規則規定，住宅及集合住宅建築物一樓的高度不得超過 4.2 公尺，其餘各樓層樓高均不得超過 3.6 公尺，若是商業或工業等其他用途的建築物，則沒有樓層高度的限制。

　　因此樓高 6 公尺的建築物，在使用執照上登記的用途可能是一般事務所、零售業、辦公室、技術服務業……等，甚至是工業區裡的廠房，依法不能當住宅使用。

「工業住宅」夾層屋

　　過去都市計畫規模不夠大，隨著都市發展和產業外移，都會區有些工業區漸漸變成市中心的閒置土地，由於地價相對便宜，因此在使用分區未變更的情況下，被建商購入用來興建住宅，這就是所謂的「**工業住宅**」。雙北市都有不少知名的工業住宅，臺北市內湖區甚至出現「工業豪宅」聚落，成為名人自住投資的標的。

　　工業區地價較便宜，工業廠房的樓層高度又不受限制，因此建商可以突破住宅二樓以上樓高 3.6 公尺的限制，蓋成樓高 6 公尺的「假廠辦、真住宅」。由於房價相對於鄰近住宅便宜兩到三成，而且相當於一般住宅兩層的樓高，買來後可以二次施工加建夾層，增加不少使用坪數，因此受到不少購屋者的青睞。

　　這類工業住宅建築，在申請建照的設計圖上，每層樓都規定要有公廁，甚至內部不容許隔間，不允許有專用衛浴。因此建商拿到使用執照後，大都以「毛胚屋」交屋，再由住戶自行加蓋夾層及室內隔間，這樣建商就不用負違規使用的責任了。

　　由於工業住宅是違規使用，二工增建的部分隨時可能面臨政府取締拆除的風險，而且因為不是住宅，自然無法適用自用住宅銀行貸款，首購族也不能享有配合政府政策的較低

房貸利率，貸款成數更無法如同自用住宅貸到八成，有些銀行甚至完全不承作工業住宅的貸款。住戶未來若轉手出售，或有二胎申貸的需求時，銀行對房屋的估價也會較低，因此建議在購屋前，仔細評估將來的增值潛力和轉手風險。

民眾購屋前要辨識是否為工業住宅，可要求建商或房屋仲介出示建物的使用執照，查看上面登載的用途是否為「住宅」，如果登載的用途是「一般事務所」等，就可能是工業住宅。若是購買還沒有使用執照的預售屋，也可要求建商或售屋者出示建造執照，依執照號碼，向當地主管建築機關查詢該建物的法定用途，以及所坐落土地在都市計畫裡的使用分區。

複層式住宅夾層屋

內政部營建署為了防範挑空樓層的違規使用，於1994年10月增訂「建築技術規則建築設計施工編」，其中第164條之一，明定「住宅及集合住宅等類似用途建築物地面一樓高度不得超過4.2公尺，其餘各樓層之高度不得超過3.6公尺」，但又規定「在同一戶內，為了空間變化需求而採不同樓板高度之設計者，稱之為複層式構造。採複層式構造設計者，其樓層高度不得超過4.2公尺，且其室內平均高度不得超過3.6公尺。」

同一戶的空間,如果一半設計成樓高 3 公尺,一半設計成樓高 4.2 公尺,剛好可以滿足複層式構造平均高度不得超過 3.6 公尺的規定,複層式構造「4 米 2 挑高」夾層屋因應而生。不同於工業住宅無法變更為住宅使用,複層式構造的設計完全符合建築法規,而且在建物使用執照上登載的用途也是「住宅」,銀行自用住宅貸款和首購族優惠利率都沒問題,因此以「4 米 2 挑高小豪宅」為廣告訴求的這類建案,在 921 地震前風行一時。

樓高「4 米 2」擺明著就是為了加建夾層用,只是必須等建物取得使用執照後,由住戶自行找工人二次施工,跟頂

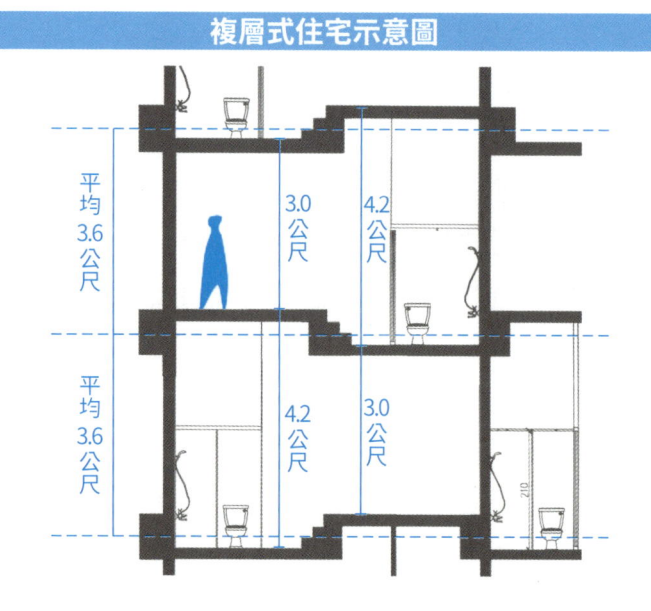

複層式住宅示意圖

樓加蓋和陽臺外推同樣屬於違建。建商會找室內設計師繪製裝修後有夾層的實景圖，強調增加使用坪效的「魔術空間」和收納空間設計，對預算有限的首購族特別有吸引力，也有很多投資客買來出租用。

3 米 6 挑高夾層屋

　　一般住宅的樓高大致為 3 至 3.3 公尺，但部分建商將各樓層高蓋到最大容許樓高 3.6 公尺，然後在廣告上主打「挑高 3 米 6 精品屋」、「15 坪魔術空間」等，也是擺明著要二工加建夾層。

　　樓高 3.6 公尺扣除樓板厚度 15 公分，只剩下 3.45 公尺，假設夾層高為 2 公尺，夾層上面的淨空只有 1.45 公尺，人在上面無法站直，其實並不適合加建夾層。但室內設計師將夾層上面規劃為臥鋪，在寸土寸金的都會區，仍有不少購屋者可以接受。

　　如果你看屋時發現樓高比一般住宅高，而且同一層樓有上下兩扇窗，即是為了預建夾層而設計。

夾層屋結構安全疑慮

　　二次施工加建夾層是結構技師最不願意見到的行為，不

管是工業住宅、複層式構造住宅,或「挑高 3 米 6」住宅,每層樓都加建的夾層和隔間牆,還有挑高的柱子,都會讓建築物在地震時所需要承擔的地震力大幅增加。

結構技師接到這樣的設計案時,如果建商和建築師接受結構技師的專業意見,在結構設計時將夾層的重量預先估算進去,這樣設計出來的梁柱會比較大,裡面配置的鋼筋也會比較多。但有些建商對於建築物的造價錙銖必較,或者擔心將夾層先考慮進設計裡,會被發現是存心違規,因此不容許結構技師做這樣的設計。

加建夾層後除了重量增加外,必須承擔的地震力也會隨著大幅增加,同時會改變建築物的受力行為。一般建築物每一樓層都有連續的樓板與梁柱相連結,強震時建築物搖晃所產生的地震力,會經由樓板傳遞而分擔到每根梁柱上,規劃良好的結構系統經過韌性設計後,每支梁柱隨著地震搖晃而變形且不會斷裂,從而將地震的破壞能量消散掉。

正常建築物同一層樓每支柱子的長度都一樣,強震時每一支柱子前後左右搖晃的幅度大致相同。但如果在各樓層的樓地板與天花板間增建部分夾層,與夾層樓板相連的柱子就被截成上下兩段。當強震導致建築物搖晃時,夾層會妨礙這些柱子搖晃,因此這些柱子相對於其他未和夾層連結的柱子,會吸收較多的地震破壞能量,較無法將能量消散。也就是說,夾層的柱子會承擔過大的地震力,這在結構專業術語

921 地震中震損的夾層柱

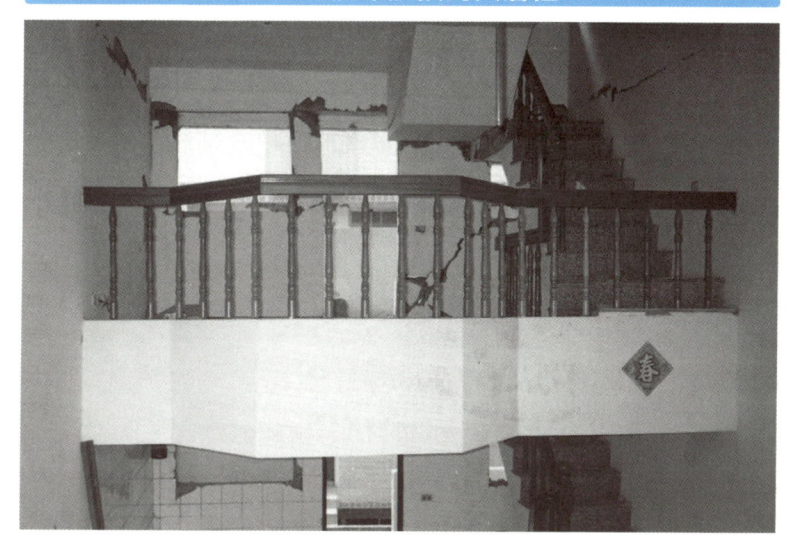

上稱為「應力集中」現象,如果沒有為這些柱子做加強設計,這些柱子可能因強震而斷裂。

大家想想看折竹筷的例子,當我們手握筷子兩端想把它折斷時,筷子會有很大的彎曲,並不容易折斷,但如果把握住筷子兩端的兩手往內移動,只彎折柱子的一小段,竹筷是不是就很容易應聲折斷[*]。

二次施工搭建的夾層,如果夾層面積較小,一般會用 C 型鋼為支架,上面再鋪設木質地板,這樣的手法比較接近裝

---

[*] 參見第 20 章〈老舊大樓如何進行結構耐震補強?〉

潰，要注意的是建材是否防火，及承重能力有限，所以不要在夾層上面放置書櫃等過重的家具。

搭建的夾層如果面積較大，一般會用 H 型鋼當夾層的支架，再鋪設鋼承鈑，然後在鋼承鈑上配置鋼筋並澆置混凝土，這樣的夾層對建築物的耐震安全影響較大。如果施工的師傅為了固定鋼架而破壞原有梁柱的完整性，那建物的耐震安全就更打折扣了。

合法夾層只能位於一樓或頂樓

依現行建築技術規則，只可於一樓或最頂樓擇一設置夾層。夾層不得超過該層樓地板面積的三分之一或 100 平方公尺，而且必須與房屋主體結構同時施工，不得二次施工。設置夾層的樓層高度不得超過 6 公尺，合法夾層只會存在於一樓或頂樓，也就是所謂樓中樓。樓中樓總高度可以突破一樓樓高 4.2 公尺，或其他樓層樓高 3.6 公尺的限制。

這樣的樓中樓夾層雖然是產權可以登記的合法夾層，但一樓高度允許達到相當於兩層樓高的 6 公尺，而且只有一部分是夾層，沒有夾層的部分挑空又挑高，這樣的大樓若沒有特別加強結構設計，便會成為軟腳蝦大樓，而且由於平面和立面都不規則，也不利耐震。

有意選購這類大樓的民眾，建議向建商詢問，該建築發

照前,是否曾委託結構技師公會等專業單位做過「特殊結構審查」,最好是施工過程中有聘請結構技師或土木技師常駐工地監督施工,取得「耐震標章」的大樓。

至於頂樓為樓中樓的夾層設計,因為夾層面積不能超過該層樓地板三分之一或 100 平方公尺,部分住戶可能再自行擴建夾層面積,擴建的部分仍然算是違建,購置這樣的房子前,建議先查清楚樓中樓部分是否全都是合法夾層。

安全宅要點

1. **住宅有樓高限制**:地面一樓高度不得超過 4.2 公尺,其餘各樓層不得超過 3.6 公尺。若為複層式構造,則樓層高度不得超過 4.2 公尺,室內平均高度不得超過 3.6 公尺。

2. **「工業住宅」非「住宅」**:位在工業區、做為住宅使用的建物,雖不受住宅樓高限制,卻是違規使用。工業住宅不適用自用住宅貸款,銀行估價也可能較低。是否為住宅,以使用執照上登記的用途為準。

3. **夾層雖然能取得更多使用空間,卻不利耐震**:夾層加建會大幅增加建築物在地震時承擔的地震力。同一層樓內有兩種不同的樓高,屬於平面或立面不規則的建築物,也不利耐震。

15 頂樓加蓋有什麼風險？

　　臺灣都會區的天際線幾乎大半為鐵皮屋頂所占領，到處是違建，可說是臺灣特有的一道風景線。依據內政部營建署資料統計，截至 2023 年 7 月，全臺違章建築總量高達 71 萬 6372 件，與 2014 年同期的 60 萬 2885 件相比，10 年來多了 11 萬 3000 多件，平均每年增加 1 萬多件。

　　違章建築大概是唯一沒有罰則或刑責的違法行為，若遭舉報，以臺北市為例，1994 年 12 月 31 日以前的「既存違建」，或 1963 年 12 月 31 日以前的「舊有違建」，還可以「拍照列管，暫緩拆除」。這是當今任何先進民主國家難以想像的事，臺灣可說是全世界最自由的國家。

　　要知道，任何法律規範都是保護人民人身安全和財產權利所必須遵守的最低標準，超過最低標準當然有安全疑慮。身為結構技師最困擾的事，莫過於常有朋友裝修房子時要拆牆或陽臺外推，或家裡有頂樓違建，問我有沒有安全顧慮。

大家期待的答案是「沒有安全顧慮」，若我說有安全顧慮，大家也不會聽。有所期待再去問專家，這樣的心態就好像去算命一樣，只有說到你想聽的，你才會相信，並讚美算命師算得準。

消防與耐震安全的風險

頂樓加蓋是臺灣三大違建之一。臺灣炎熱多雨，很多頂樓住戶為了克服夏季燠熱和屋頂漏水的困擾，用鋼架加蓋遮陽遮雨棚，後來演變為占地為王，加上牆壁變成自家專用的空間。有些人甚至將頂樓隔成房間出租，由於租金便宜，吸引很多租屋族的青睞。

我早年在臺南念大學時也曾租住過頂樓加蓋的房子，雖然租金便宜，使用空間大，但夏天的悶熱和大雨打在屋頂浪板上咚咚震耳的聲響，至今依然印象深刻，還好當時白天人都在學校，暑假期間也都離校，才有辦法忍受那樣的住宿環境。那時，還意識不到頂樓加蓋的風險。

由於頂樓加蓋是違建，無法單獨申請接水電，電源都是從頂樓住戶屋內拉上去，若使用冷氣、暖氣等設備，使用電量很容易超出原有負荷而導致電線走火，而且頂樓加蓋屋常使用不耐燃的木板隔間，以致每隔一段時間，總有失火釀成人命傷亡的悲劇發生。

此外，有些頂樓違建直接以鋼筋混凝土和磚牆搭建，大幅增加整棟房屋的重量，也連帶增加了強震時房屋所需承受的地震力。很多老舊的低層公寓耐震能力原本就有問題，有些更只是加強磚造建築，沒有完整的鋼筋混凝土梁柱構架，各樓層牆面又被隨意拆除，耐震安全原本就堪慮，若再頂樓加蓋，問題更是雪上加霜。

房屋結構除了要承擔自身的重量和地震時的地震力外，也要承擔建築物室內的人員、家具、設備、儲藏物和活動隔間等荷重，這些荷重的專業名詞稱為「活載重」。

建築技術規則對於屋頂設計活載重，一般為每平方公尺 60 至 150 公斤，然而有些頂樓住戶將屋頂平臺闢建為空中花園或菜圃，甚至設置假山、水池等，為此而增加的覆土等重量，動輒每平方公尺數百公斤，甚至超過一噸，遠大於設計活載重。這樣的載重不但可能造成屋頂梁和樓板裂損，也會大幅增加房屋所需承受的地震力，造成結構安全的隱憂。

「緩拆」不保證「免拆」

現行建築法規已取消一般住宅屋頂平臺必須留設避難空間的規定。因為發生火災時，火場濃煙上升速度為每秒 3 至 5 公尺，人往上跑的速度平均為每秒 0.5 公尺，人跑不贏煙上升的速度，因此消防單位教導的火場逃生原則為往下逃

生。然而，屋頂平臺是開放空間，火災時較不易蓄積濃煙高溫，必要時還是可以做為等待救援的緊急避難空間。

屋頂平臺的所有權依法為全棟住戶所共有，頂樓住戶雖然可與其他住戶簽訂「區分所有權分管協議書」——亦稱為「分管契約」，約定可單獨享有屋頂平臺使用權，但並不表示可以占用屋頂並加蓋違建，甚至將公共樓梯間通往屋頂平臺的鐵門上鎖，堵塞其他住戶的逃生通道。

1995 年之前的「既存違建」或「舊有違建」，雖經行政機關認定可以緩拆，但這只是政府機關的行政措施，不能阻礙其他住戶行使私法上權利。其他住戶仍可訴請拆除頂樓加蓋違建，法院並不會因為該違建被列為緩拆，就判決頂樓住戶勝訴。取得勝訴確定判決的其他住戶，可以聲請強制執行，將該違建拆除，而且拆除費用還要由屋頂平臺加蓋的住戶負擔。全臺各地不乏這樣的案例，大家若有意加價購買附有頂樓加蓋違建的頂樓為住家，應該考慮仍有被拆的風險。

怎樣的「頂樓加蓋」不會被拆？

為了防止屋頂漏水，各縣市政府就七樓以下、屋齡 20 年以上的建築物，訂定有平屋頂上建造斜屋頂處理原則，得經申請搭建無壁式雨棚。不過，仍應取得同棟公寓大廈全體區分所有權人的同意，才能搭建。

以新北市為例，搭建方式規定如下：

應以非鋼筋混凝土材料及不燃材料建造，四周不得加設壁體或門窗。高度從屋頂平臺面起算，屋脊高度低於 210 公分，屋簷高度低於 180 公分。若女兒牆原高度較高，則屋簷高度可放寬為女兒牆高度加上斜屋頂面的厚度。

老舊屋頂合法防漏雨遮示意圖

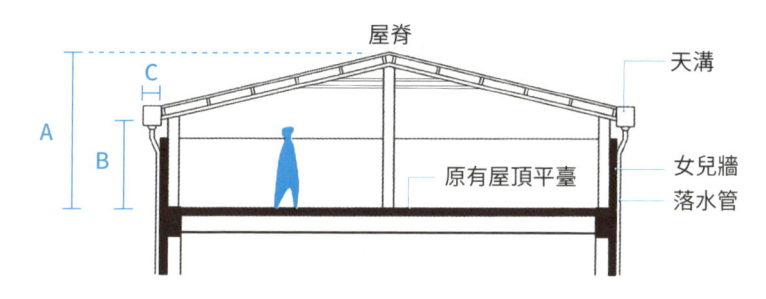

屋脊高度 A ≦ 210 公分
屋簷高度 B ≦ 180 公分，或原核准使用執造竣工圖樣內的女兒牆高度加斜屋頂面厚度。
天溝寬度 C ≦ 30 公分

安全宅要點

1. **頂樓加蓋不利消防**：頂樓加蓋無法單獨申請接水電，電源是從頂樓住戶屋內拉上去，使用電量很容易超出原有負荷，有電線走火的風險。
2. **不利耐震安全**：頂樓加蓋會增加整棟房屋的重量，連帶增加強震時房屋所需承受的地震力。
3. **頂樓只可加蓋無壁式雨棚**：以預防屋頂漏水為目的，需經同棟直下方全體區分所有權人同意才可施行。
4. **現存頂樓加蓋仍有可能被拆除。**

16 陽臺可以外推嗎？

「陽臺外推」與「屋頂加蓋」、「夾層屋」並列臺灣三大違建，其中又以陽臺外推最為普遍。陽臺外推會被拆除嗎？有那些安全疑慮？

陽臺是指上方有遮蓋物的平臺，在建築法規中，陽臺被歸類為附屬建物，深度可至 2.5 公尺，但又規定自外緣起扣除 2 公尺不計入建築面積，每層陽臺面積的和，以不超過當層樓板面積的 8% 為限。實際上陽臺深度很少超過 2 公尺，因此幾乎所有陽臺都不必計入法定建築面積，但卻是可以銷售的面積。這又是一個向建商傾斜的法規。

臺灣建築法規樣樣學日本，但在日本，陽臺被歸類為火災時的逃生空間，並不計入銷售面積，而且不得堆積雜物。我們的建築法規雖然沒有明文規定陽臺為逃生空間，但火災時陽臺的確可以發揮等待救援及阻絕濃煙的功能。將陽臺外推變成室內空間，而且還加上鐵窗，是非常不智的行為。

如果陽臺的外緣下方沒有支撐，稱為「懸臂式陽臺」。這樣的陽臺外推時會將陽臺欄杆改為磚牆，上面再加上鋁窗和防盜鐵窗等。由於磚牆和鐵窗的重量遠大於原來欄杆的重量，往往會超過陽臺結構原有的負荷能力，使得陽臺外緣下垂。如果陽臺外推變成室內空間後又堆置重物，問題更會雪上加霜。

　　2014 年臺北市天母和 2022 年臺北市興隆路，都曾發生整座陽臺掉落的事件，所幸沒造成人員傷亡。萬一有人傷亡，屋主除了財產損失外，還要負過失殺人的刑責。裝修房屋想將陽臺外推時，最好三思而後行。如果你的住家陽臺是懸臂式陽臺，而且已經外推，千萬不要在此處堆置重物，同時要隨時留意原有陽臺與室內地坪交接處是否有新的裂縫出

懸臂式陽臺

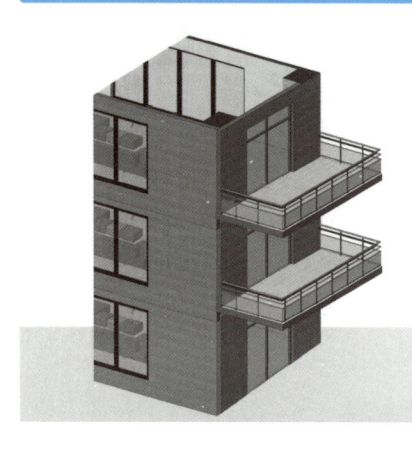

◀懸臂式陽臺外緣下方沒有支撐，若外推成為室內空間，承重容易超過原有結構的負荷能力。

現。若出現裂縫，千萬不要掉以輕心，應立即委請專家鑑定並提出補強方案。

此外，即使不是懸臂式陽臺，陽臺外推時往往會拆除原有落地門旁邊的短牆，這些牆一般是 12 公分厚的鋼筋混凝土牆，雖然不是主結構體，但對耐震力不足的老舊房屋還是有抗震作用。拆除這些短牆，無疑會減損住家的抗震能力，這一點在本書中反覆強調多次。

陽臺外推會被拆除嗎？

「陽臺外推」不論是舊屋已外推或是新屋外推，都是違法的。有些房仲會跟客戶說，只要是 1995 年以前蓋好的違建，就是「合法的違建」，不用擔心被拆除，實際上並非如此。目前各縣市政府機關對於違建的處理大同小異，處理原則是依據「違建物搭建的日期」做區隔，以下原則適用於包含「頂樓加蓋」、「夾層屋」等所有的違建。

新違建：通常指 1995 年以後所產生的違建，但時間劃分點實際取決於各縣市政府，如臺中市的規定為 2011 年 4 月 21 日以後的違建，才是新違建。此類違建都是「即報即拆」，若有舉報，立即安排拆除作業。

既存違建：一般指 1964 到 1995 年間已存在的違建，此類違建的處理原則是「拍照列管，暫緩拆除」，但若有危害

公共安全的疑慮，將被優先拆除。既存違建的修繕無須向縣市政府申請核准，但僅能使用原來的材料進行修繕，並保持原有規模（包含高度、面積）。如果被查到修繕後違建規模明顯增加，會被視為新違建，優先拆除。

舊有違建：指 1963 年 12 月 31 日以前已經存在的違建，此類違建也列入「緩拆」，但若危害公共安全，將優先拆除。舊有違建的修繕，必須向縣市政府申請核准，修繕方式須依照規定辦理，若擅自修繕，也會被視為新違建而進行拆除。

安全宅要點

1. **陽臺為火災時的逃生空間**：火災時陽臺可發揮等待救援及阻絕濃煙的功能，將陽臺外推變成室內空間，而且還加鐵窗，是非常不智的行為。

2. **避免懸臂式陽臺上物件過重**：若超過陽臺結構原有的負荷能力，會使陽臺外緣下垂，甚至整座陽臺掉落。若原有陽臺與室內地坪交接處出現新裂縫，應立即委請專家鑑定並提出補強方案。

17 魔音穿腦怎麼辦？

曾有藝人家住大直豪宅，被樓下住戶控告放任孩子跑跳，製造噪音擾鄰，雙方為此鬧上法院。對以公寓、大樓等集合住宅為住家的都會區民眾而言，這樣的糾紛可說無日無之，只是因為發生在知名藝人身上，才引起媒體關注。

噪音和漏水是最容易引起樓上樓下糾紛的兩大問題，而且兩者都不容易找到問題的根源。我們都知道聲音是因物體振動而產生，並透過空氣和固體等介質而傳播。聲音可以往上下左右傳播，不像水主要是由上往下流，所以噪音的問題比漏水更加複雜。

引起樓上樓下糾紛的噪音，若懷疑是因樓上孩子跑跳、拖拉家具等而產生，其實只要雙方心平氣和，相約時間做個測試便可真相大白。若是的話，互謀改善之道。雙方流以意氣之爭，只會增加處理成本。在過去案例中，也常發現噪音的來源並不是來自樓上的住戶。

衡量聲音大小的單位是分貝（db），1 分貝是人類耳朵開始能聽到的聲音大小。20 分貝以下的聲音，我們認為是安靜的，30 分貝大約相當於情侶耳邊的喃喃細語，冰箱的嗡嗡聲大致為 40 分貝，50 至 60 分貝是我們正常交談的音量，60 分貝以上就屬於吵鬧範圍了，可以讓人從睡夢中驚醒。馬路上汽車穿梭的噪音介於 80 至 100 分貝，95 分貝相當於摩托車啟動的聲音，汽笛聲為 120 分貝，爆竹或槍炮聲為 180 分貝。

房屋樓板的隔音功能

樓上孩子跑跳、拖拉家具或重物落地等產生的噪音，稱為「**樓板衝擊音**」。樓板的隔音功能測試可以根據國家標準所規定的方法量測：在建築物樓板上層放置一座持續發出 90 分貝衝擊音的發聲器——這樣的音量相當於馬路上機汽車的噪音，遠大於樓上住戶活動可能產生的聲響，樓板下層規劃可以隔絕外界音源的收音室，進行測試。

鋼筋混凝土造老舊公寓大樓的樓板厚度大多為 12 公分，較新的大樓樓板厚度則為 15 公分。根據內政部建築研究所測試結果，15 公分厚鋼筋混凝土樓板下量測到的收音量為 75 分貝，因此一般集合住宅的樓板，最多只能隔絕 15 分貝左右的樓板衝擊噪音。

參考其他國家隔音標準，內政部營建署於 2012 年 1 月 1 日頒布實施「建築技術規則建築設計施工編第 46-6 條」，將分戶樓板衝擊音的樓下收音標準定為 58 分貝以下。建築技術規則進一步規定，15 公分以上的鋼筋混凝土造樓板與 19 公分以上的鋼承鈑樓板（鋼結構大樓的樓板），地板面材內必須加鋪可降低噪音 17 分貝（可從 75 分貝降到 58 分貝）的橡膠或玻璃棉等緩衝材；12 公分以上鋼筋混凝土造樓板，則必須降低噪音 20 分貝。因此，你選購或租用的住家建物，若是 2012 年 1 月 1 日以後取得建照興建，應該不

樓板隔音緩衝材施工中

▲樓板上正在加鋪具有隔音效果的橡膠緩衝材。

用擔心樓上孩子跑跳製造的噪音。

法令不溯既往,所以政府無法強制中古屋改善樓板的隔音功能,一般人也不會為了樓下住戶加鋪隔音材。家中孩子還小的家庭,裝修房屋時若有更換地板的需求,建議採用木質地板,隔音及吸音效果會比硬質的拋光石英磚或大理石地磚好,可以預防未來與鄰居的糾紛。

水錘效應

在家聽到腳步聲或重物掉落的咚咚聲,不一定是樓上鄰居所製造的聲響,也可能是水錘效應所產生。

不管是雙併或多併的集合住宅,各樓層都會有共同管道間,做為各住戶供水幹管、排水管、汙水管和浴室上方排風孔的共通管道。各樓層住戶的給水管線,都與來自屋頂水箱的同一供水幹管相連接。

以 12 層大樓為例,供水幹管高低落差至少達 36 至 40 公尺,當低樓層用水的住戶突然關閉水龍頭時,給水管內來自高處的水流慣性會突然衝擊水管壁,造成振動,若水管沒固定好,便會撞擊管道間牆壁,發出類似腳步聲或重物掉落的聲音,稱為**水錘效應**。

貫穿各樓層的中空管道間,就像吉他的音箱,會放大水錘效應產生的噪音,並可能透過管道間的牆壁傳到鄰居家

中,聽到的人總以為是樓上或左右鄰居動作太大所產生。

一般供水管會裝設水錘吸收器及減壓閥,若大樓住戶不時聽到樓板或牆壁有咚咚聲,有可能是水錘吸收器或減壓閥老化故障,或裝設數量不足所致,建議向管委會反映,請專業水電商來檢測是否為水錘效應,及固定水管的鐵件是否鬆脫。如果是的話,對症下藥即可解決問題。

除了水錘效應外,樓上住戶沖馬桶、洗澡的水流聲音,樓下住戶常常可以聽得一清二楚,這也是大樓住戶常遇到的噪音困擾。可將水管用保溫棉或玻璃纖維等吸音材料包覆,並增加配管的固定點及止震墊來加以改善。

惱人的低頻噪音

有些民眾在家會持續聽到嗡嗡的聲響,甚至日以繼夜響個不停,這樣的聲音稱為**低頻噪音**,長期處於這樣的環境下,如魔音穿腦,會引起神經衰弱。

一秒振動一次為 1 赫茲,一般人耳朵可以聽到的音頻範圍在 20 至 20000 赫茲之間,一般噪音多屬於此一範圍內。低頻音量指 20 至 200 赫茲頻率範圍內的音量,即一秒內振動 20 到 200 次所發出的聲音。

在住家聽到的噪音都是透過空氣和房屋結構體而傳播。中、高頻噪音會隨著距離愈遠或遭遇障礙物,迅速衰減。但

低頻噪音不同，聲波較長又衰減得很慢，能長距離傳播並輕易穿牆透壁直入人耳，因此低頻噪音無法靠自家安裝隔音材來阻絕，只能在找到音源後，從降低音源聲量著手。常見的低頻噪音音源有運轉中的冷氣室外機、抽排風機、抽水馬達、冷卻水塔和變壓電桶等。家用電器如冰箱、洗衣機、烘乾機、排油煙機等，也可能於運轉時產生低頻噪音。

音源若為家用電器及自家冷氣室外機，較容易找到，家中電器設備產生低頻噪音的可能原因，不外是使用年久，太過老舊，或固定支架鬆脫等，以致運轉時振動而產生噪音。可先自行檢查固定設備的支架是否鬆脫，如果是的話，可請師傅來重新固定並加裝止震墊。若家電及冷氣機已過分老舊，不妨直接換新。

如果不確定音源是否來自家中，可以在嗡嗡聲響出現時試著關閉自家的電源總開關，即可確定低頻噪音是否來自家中。如果嗡嗡聲響不是來自家中，建議請管委會找專業水電師傅，檢查整棟大樓公用冷卻水塔馬達、地下室蓄水池或汙水池的抽水馬達、地下室換氣鼓風機和變壓電桶等，鄰居冷氣室外機或大樓中庭造景水池的抽水馬達，也可能是家中低頻噪音的音源。只要找到音源，有經驗的水電師傅都可以解決你的困擾。

由於低頻噪音改善及防制的技術相當專業，噪音來源也可能有多處，複雜時甚至需要進行音頻鑑定。目前各縣市環

保局為了協助民眾改善低頻噪音,均設置有諮詢及輔導專線,大家可以善加利用。

安全宅要點

1. **噪音問題比漏水更複雜**:聲音因物體振動而產生,透過空氣和固體等介質,往上下左右傳播。感覺來自上方的噪音,不一定真的來自樓上。

2. **水錘效應也會造成魔音**:管道間內供水管沒固定好,或水錘吸收器及減壓閥老化、數量不足,導致用水時水管撞擊管道間牆壁,也會發出類似腳步聲或重物掉落的聲音。

3. **低頻噪音必須從降低音源音量著手**:低頻噪音穿透力強,無法以隔音材阻絕。各縣市環保局設有諮詢及輔導專線,協助民眾改善低頻噪音。

4. **現行建築技術規則對樓板隔音有規範**:101 年 1 月 1 日之後取得建照興建的建物,應該不用擔心樓上孩子跑跳製造的噪音。

18 如何面對工地損鄰爭議？

2023 年 5 月 13 日，臺北市信義區一處由知名日系營造公司承建的地上 17 層、地下 4 層大樓，工地周邊的柏油路面突然大範圍塌陷，出現媒體稱為「天坑」的破洞，迫使緊鄰的公寓住戶緊急疏散。2020 年 7 月 11 日，新北市永和區一處地上 15 層、地下 4 層的建案工地，也發生同樣的施工意外。為什麼大臺北地區的工地頻頻出現天坑？這兩處建案的工地意外，都是肇因於地下連續壁出現破洞，導致地下水夾著大量泥沙湧入開挖中的地下室，同時掏空周邊柏油路面下的土壤，使得路面大規模下陷而出現所謂的天坑。

由舊臺北湖沉積而成的臺北盆地，土質極為軟弱且地下水位高，但居住人口稠密，建地有限，新建案周邊往往緊鄰老舊樓房，而且如以上兩建案，都是開挖四層地下室，甚至開挖更深的地下室，也是很普遍的現象。大臺北地區開挖地下室時，四周擋土設施幾乎都是採用鋼筋混凝土澆注而成的

連續壁，厚度在 50 公分以上，甚至達 100 公分，這麼厚的連續壁，為什麼還會出現破洞？

工地開挖為何造成鄰損？

構築連續壁時，是先在預定施建的位置挖掘槽溝，槽溝深度為預定構築的連續壁深度。為了防止槽溝兩側的土壤坍塌，會在槽溝內灌注高黏滯性的「穩定液」，然後吊放「鋼筋籠」入槽溝內，再用「特密管」在穩定液中、由槽溝最底端逐漸往上灌注混凝土。

由於混凝土是在穩定液中灌注，若沒有嚴謹依照標準流程施工，槽溝兩側的土壤就會崩落到槽溝內，並混進灌注中的混凝土裡，待混凝土凝固後，連續壁體內被土壤泥沙混進的位置俗稱「包泥」，壁體包泥的位置十分脆弱。

連續壁構築完成後，開始開挖地下室，這時必須抽乾連續壁內開挖區的地下水以利施工。當地下室開挖至連續壁有包泥的位置時，連續壁內外的水位差會對壁體包泥位置形成強大的水壓，進而衝破壁體內的包泥，夾帶連續壁外的沙土，從壁體的破洞不斷噴湧進開挖區內，於是造成連續壁外的路基被掏空，路面下陷。路面下若埋設有瓦斯管或水管，可能會隨著下陷斷裂，太靠近工區的鄰房地基也可能被掏空，危及住戶安全。

施工中的連續壁

◀在軟弱的地盤（如臺北盆地）上建高樓時，開挖地下室前需先在預定開挖範圍四周施建連續壁，做為開挖時的擋土壁。圖中工地吊車正將綁紮好的鋼筋籠吊放進連續壁槽溝內。

▶圖中連續壁的鋼筋籠正慢慢吊放入事先開挖好的槽溝內。槽溝內充滿高黏滯性的「穩定液」，可防止槽溝兩側的土壤崩落。

第 18 章｜如何面對工地損鄰爭議？　185

連續壁包泥導致路基下陷

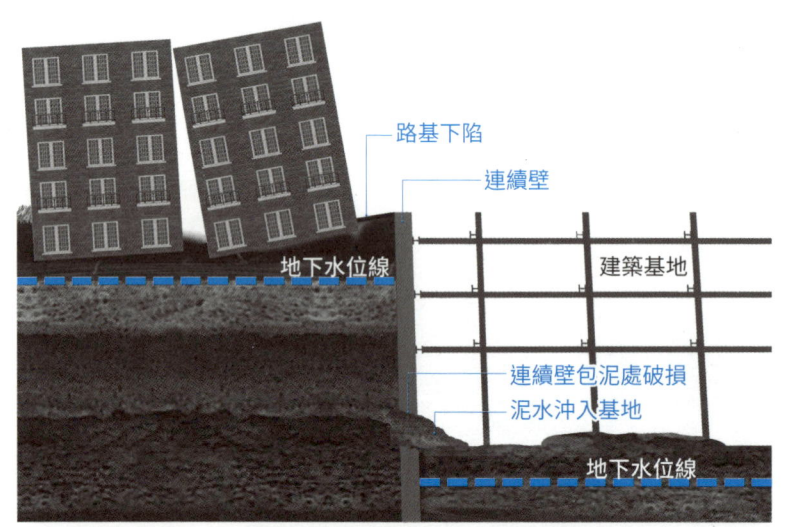

▲建築基地開挖至連續壁有包泥的位置時，連續壁內外的水位差會對壁體包泥位置形成強大水壓，進而衝破包泥，夾帶連續壁外的沙土，從破洞不斷噴湧進開挖區內，除了造成路面下陷外，太靠近工區的鄰房地基可能遭到掏空，危及住戶安全。

　　除了連續壁包泥會造成工區外的下陷，開挖地下室時，支撐連續壁的 **H 型鋼水平支撐鬆脫**，也會導致連續壁往開挖區傾斜變形，使得周遭路面因而下陷。

　　此外，開挖期間 24 小時不間斷的**抽地下水**，也會造成大範圍的地下水位下降，導致工區外的鄰房傾斜及沉陷。捷運松山線小巨蛋站施工期間長達數年，不間斷的抽地下水，就造成南京東路四段的臺北市政府體育局大樓沉陷超過一公

186　尋找安全的家

尺,後來是用頂升工法,才將整棟大樓抬高。

都市新建案除了愈蓋愈高外,地下層也愈挖愈深,連續壁和 H 型鋼骨支撐等地下室開挖時的擋土措施,施工稍有不慎或一支螺絲鬆脫,都可能釀成施工意外。工地的施工圍籬和鄰近工區的行人通道雖然愈做愈堅固美觀,但建議大家除非必要,平常通行還是要盡量遠離工區。

除了地下室開挖階段有坍塌的危險外,**施工塔吊操作或裝卸**時稍有疏忽,也可能禍從天降,如 2023 年 5 月 10 日,臺中市一處建案工地就因塔吊拆除不慎,造成吊臂從 31 樓高處墜落下來,擊中行進中的捷運車廂,不但車廂損毀,還造成乘客 1 死 15 傷。

2002 年 3 月 31 日,興建中的臺北 101 大樓遇到規模 6.8 的強震,導致作業中的塔吊從 56 樓高處墜落地面,不僅砸毀多輛車子,並造成 5 人死亡、多人受傷。101 大樓也是由知名日系營造公司所承建,本人曾接受臺北市政府委託,參與該起事故原因的調查。

因為地下室開挖期間必須抽降地下水,即使沒有因施工不慎造成天坑,施工損害鄰房的事件也很難完全避免。鄰近工地的住戶常常要等到家裡的地坪或牆壁磁磚開裂了,或門窗很難開關時,才意識到自己的房子因鄰近工地的施工而受損,大部分人都是茫茫然不知所措。

目前各縣市政府都訂有「**建築施工損鄰事件爭議處理規**

則(或程序、要點等)」,以供損鄰事件發生時,建商與受損戶之間有處理的依據。各縣市政府的規定大同小異,說明如下。

開工前的鄰房「現況鑑定」

「現況鑑定」的目的是,在工地開工前對周圍鄰房做現況調查,包括對鄰房的每一層、每一戶及樓梯間、門廳、地下室等公共設施,調查是否有梁、柱、樓板及牆壁等裂損,並將裂縫位置、長度及寬度加以記錄及拍照存證。另外也要勘查地坪、地磚及牆壁磁磚是否裂損、剝落及拱起,屋內是否有漏水和滲水痕跡等,以上皆需詳加記錄並拍照存證。此外,房屋各向立面的外觀及周圍環境,也必須拍照存證,並用儀器測量房屋的傾斜度等,同時記錄存查。

以上種種檢測必須彙整做成「現況鑑定報告書」,以備將來施工階段若發生損鄰爭議,可以用來鑑定、比對損壞是否由新建工地的施工所造成。鑑定工作一般由新建工地的建商,委託建管單位認證通過的專業技師公會或相關技術學會辦理,由公會或學會指派具有專業技師或建築師資格的會員辦理。

目前大部分縣市並沒有強制規定開工前必須做現況鑑定,但很多建商會主動對鄰房做現況鑑定。因為老舊房屋大

多有些既存的裂損及滲漏水痕跡等瑕疵。此外，歷年的地震、過去其他工地施工、甚至房屋興建時的施工誤差等，都可能造成房屋原本就已經傾斜，新建工地開工前若沒有做現況鑑定，發生損鄰爭議時往往必須概括承受。建商若無法證明損壞項目並非因為新建工程的施工所造成，就必須一律列入修復賠償。

目前臺北市都發局建管處規定，新建案地下室開挖深度三倍範圍內的鄰房，必須完成現況鑑定才准開工。以四層地下室開挖深度 15 公尺為例，距離開挖境界線 45 公尺範圍內的鄰房，都必須納入鑑定範圍。將來在這範圍內的鄰房若發生損鄰爭議，經鑑定發現新建工地有責任時，建管處會將這些鄰房列管，建商必須與受損戶達成補償協議並出具和解書，才會核發新建案的使用執照。

各縣市對鄰房列管的範圍規定不同，新北市政府是開挖深度的四倍範圍；桃園市和臺中市轄區內地質主要為堅固的卵礫石層，因此只列管開挖深度一倍範圍內的鄰房。

建議新建工地旁的鄰房住戶，平常應留意自己住家周遭的狀況，例如路面是否有新的裂縫產生？房屋旁的水溝是否有斷裂或位移？如果有，應仔細檢查自家屋內牆壁，是否有平常沒有的裂縫或磁磚破裂？門窗是否可以如常順利開關？如果察覺自家因工地施工受損了，可提醒同一棟公寓或大樓的鄰居趕快自我檢查。若有同樣現象，可以採取集體行動，

向縣市政府的建管單位陳情，有些議員基於選民服務也會主動介入協助。

對鄰房進行「損壞鑑定」

建管單位接獲新建工地鄰房住戶的陳情後，會要求新建案的監造建築師，到現場勘查工地是否危害公共安全，並出具初步安全鑑定書，但通常建商與受損戶雙方會接著進入協調，另外委託第三方公正單位進行「**損壞鑑定**」。

由於很多建商有長期配合的鑑定技師或建築師，為避免鑑定出來的結果及修復賠償費用有所偏頗，**在鑑定單位的選擇上，受損戶通常有指定權，且鑑定費用由建商負責**。受損戶應該注意自己擁有這項權益。

損壞鑑定的目的是，對鄰房的結構做安全評估、鑑定損壞的責任歸屬及估算修復補強費用。鑑定技師應就各項損壞部位拍照記錄、繪製損壞位置示意圖，並與「現況鑑定報告書」內記錄的裂損位置比對，是否裂損有擴大現象，是否有新增漏水位置等。鑑定技師還必須測量房屋各向立面的傾斜度等，與現況鑑定報告書內的紀錄做比較，以鑑定鄰房之傾斜度是否因工地施工而增加。鑑定技師必須根據現場調查結果，對鑑定的鄰房進行結構安全評估，並做成「**修復方法**」或「**修復及補強方法**」建議。

「修復」指的是，梁、柱、樓板等主結構體沒有明顯裂損的情況下，對受損部分的復原，通常為裂縫的修復、破損地磚或磁磚的拆換、變形門窗的修復，以及漏水位置的整修等。「補強」指的是，主結構體明顯受損的情況下，為恢復原有結構安全的行為。

　　鑑定單位必須根據建管單位「鑑定手冊」內的估算原則，及所列的各工項單價，評估修復及補強所需的費用，做為雙方協商賠償費用的依據。若房屋主結構體嚴重損壞，經鑑定結果有安全顧慮且無法補強，或補強修復費用超過拆除重建的造價，應以拆除重建造價估算賠償費用。

　　若房屋地基有鬆動、沉陷、土壤流失掏空等現象，應估算基礎補強或土壤灌漿等地盤改良費用，若經鑑定研判無法補強，或補強修復費用超過拆除重建的造價，也應以拆除重建造價估算賠償費用。若房屋的傾斜度超過 1/200，鑑定手冊內有規定不同傾斜度狀況下的補強及賠償費用估算原則，若房屋傾斜度超過 1/40，不論損壞情況如何，都必須依房屋拆除重建造價估算賠償費用。

賠償費用的協調處理

　　損壞鑑定報告書完成後，建商得與受損戶自行協調賠償金額，雙方若達成協議，可檢附和解書通知建管單位備查及

解除受損鄰房的列管。若未能達成和解，得依各縣市建管單位規定的調解機制請求調解。雙方經調解三次仍未能達成協議時，若已經鑑定結構安全無虞，建商得依鑑定單位鑑估受損房屋的修復賠償費用，以受損戶的名義提存法院後，向建管單位請求解除列管，並請領新建物的使用執照。受損戶若有爭議，應循司法程序解決。

建商以受損戶名義提存法院的費用，建管單位通常會要求建商，依鑑估修復費用數額再加成提存，鑑估費用愈低者，提存加成比率愈高，例如下表是「新北市建築物工程施工損壞鄰房鑑定手冊」內所列的提存加成比率標準。

不管是現況鑑定或損壞鑑定，鑑定技師都必須進入屋內勘查，各縣市建管單位皆規定：鑑定單位得以電話、面會或召開說明會等方式，與鄰房所有權人、受損疑義戶或受損戶

新北市建築工程損鄰鑑估費用提存加成比率標準

鑑估費用（單位：萬元）	提存加成比率
100 以上	120%
超過 70～100	130%
超過 50～70	140%
超過 30～50	150%
超過 10～30	175%
10（含以下）	200%
上項費用分段累計	

協商勘查時間,並做成紀錄。

如無法進入鄰房勘查,臺北市規定鑑定單位應以郵局雙掛號,通知鄰房所有權人或現住戶配合鑑定,若經通知兩次以上（各縣市規定不同,新北市規定為兩次平信及一次普通掛號通知）仍未配合鑑定,鑑定單位得請建管單位代為通知。經代為通知後,若鄰房所有權人或現住戶仍未配合鑑定,由損鄰事件雙方循法律途徑解決。所以新建工地鄰房住戶要留意以上的通知,並配合接受鑑定,以免屆時求助無門,只能循司法途徑解決。

一般施工損鄰從地下室開挖階段開始,大致會持續到結構體施建完成,才會趨於穩定。

當鄰房住戶發現房屋裂損,並向新建工地反應或抗議時,有些較負責任的工地主任基於敦親睦鄰,會立刻幫忙修復。若裂損狀況不影響居住安全及生活作息,建議不必急於讓工地派人修復,留存現況有助於鑑定損壞的責任歸屬,及修復賠償費用的鑑估。若新建工地開工前建商沒有對鄰房進行現況鑑定,鄰房住戶不妨自行將屋內未損壞的各角落拍照存證,將來若進行損壞鑑定時,可自行向鑑定技師舉證,有助於鑑定技師對損壞責任歸屬的研判。

安全宅要點

1. **建商開工前，大多會主動做鄰房現況鑑定**：若無法證明距鄰房一定範圍內的損壞並非新建工程施工所造成，發生損鄰爭議時，建商往往必須概括承受。
2. **施工損鄰時間一般從地下室開挖階段開始**，大致持續到結構體施建完成，才會趨於穩定。
3. **工地施工導致自宅受損時，可申請損壞鑑定**：受損戶可向各縣市建管單位陳情，並具有指定鑑定單位的權利，且鑑定費用由建商負責。

第3部
老屋整建與更新

19 什麼是耐震能力評估？

　　我們現在住的建築物、行走的橋梁和道路,雖然是工業時代的產物,卻不同於其他工業產品可以有一致的品質。在其他工業產品中,與建築物一樣涉及生命安全,且需運用精密的結構力學演算而製造的,是汽車、飛機和船舶等交通工具。但汽車等交通工具,是根據設計藍圖在廠房中的生產線上成批製造的標準化成品,無論是材料的使用或技術工人,都必須遵循一致的品管標準,因此汽車等交通工具只要一出廠,便有同樣的品質標準,對使用者的安全保障標準也是一樣的。

　　建築物也需要遵循藍圖建造,但必須依據坐落地點的不同基地條件,因地制宜而設計,鮮少有兩棟建物的格局和梁柱結構尺寸等完全相同。由於必須在工地建造施工,使用的建材比較難有一致的品質,現場工班也常常良莠不齊,因此即使是根據同一藍圖建造的同一批建物,也可能因為坐落在

不同基地上,及建材品管和工班技術水準的不同,造成結構強度和耐震能力有所差異。何況國人裝修自家的房屋,常隨意拆牆、開孔或二次施工加蓋違建,這些行為都會影響整棟建築物的結構安全。一棟既有建築物的耐震能力大小,即使是結構專家,也無法僅憑外觀現況替大家確認。

經過 921 地震的教訓後,政府開始正視老舊建築物耐震能力不足的問題,逐年編列經費推動校舍和公有建築物的結構補強。為了從數以萬計的校舍和公有建物中篩選出需要補強的對象,必須先對建築物做**耐震能力評估**,評估方法分為「**耐震能力初步評估**」和「**耐震能力詳細評估**」。

耐震能力初步評估

「耐震能力初步評估」簡稱「**耐震初評**」。耐震初評就像我們量身高、體重、血壓、抽血和驗尿等,醫生可根據血壓、血糖、膽固醇、肌酸酐、尿蛋白等檢驗指標,評估我們的身體健康狀況。如果根據這些初步檢查結果判斷我們的健康可能出問題,醫生會建議我們做更詳細的全身健康檢查。

「耐震能力詳細評估」可比喻為建築物的全身健康檢查,簡稱「**耐震詳評**」。結構專業技師也是根據耐震初評的結果,判定建物是否需要進行耐震詳評。

「耐震初評」的項目很多,包括建築物興建的年代、坐

落地區及地盤性質、平面和立面的對稱性,結構系統是單跨或多跨、是否為軟腳蝦式建築,並調查現有梁、柱、板、牆的裂損狀況等「定性指標」,還會做一些初步的「定量分析」,藉以綜合評估建物的危險分數 R 值。危險分數 R 值愈高,耐震能力愈差,也就是結構愈不安全:

R ≦ 30:表示耐震能力「尚無疑慮」,無需進行結構補強。

30 < R ≦ 45:表示「稍有疑慮」,宜進一步做「耐震詳評」,確定耐震能力。

45 < R ≦ 60:表示「有疑慮」,應優先進行「耐震詳評」,確定安全性。

R > 60:表示「確有疑慮」,也就是結構不安全,應逕自進行補強或拆除。

耐震能力詳細評估

建築物經耐震初評,若結果判定為耐震能力「有疑慮」或「確有疑慮」,則需要進一步做耐震詳評。

耐震詳評最常用的分析方式稱為「側推分析」,是在電腦分析程式中建立整棟建築物的結構模型後,再輸入對建築物側推的力量,以模擬地震對建築物的作用力。藉著一步一步增加側推力量,直至所模擬的建築物被推倒,可以推算地

震時足以讓建築物崩塌的地表加速度是多少，這個崩塌地表加速度的大小，即是建築物的耐震能力。

為了在電腦分析程式中建立建築物結構模型，必須彙集建築物的使用執照、結構設計圖說（包含平面圖及立面圖、配筋圖、地質調查報告等）、建築物使用現況調查（含加蓋、違建、夾層等）。此外，還得現地調查建築物每一根梁柱的斷面尺寸、樓板及牆（包括磚牆）的厚度，並與原設計圖說內容比對，同時也要調查裂損現況，並以儀器掃描方式抽查結構體內鋼筋直徑的大小和配置的位置等。還有，以鑽心取樣方式鑽取混凝土試體，送到試驗室做混凝土強度試驗、氯離子含量檢測及中性化試驗。

以上種種工作都涉及艱深的結構專業，且工作繁複，必須結構專業技師才有能力執行。結構專業技師接受委託評估公有建築物耐震能力時，若評估結果低於現行耐震規範的設防標準，就必須評估結構補強的可能性，擬定補強方案並估算補強所需工程費。若補強所需費用超過重建費用的 50% 以上，該建物得申請拆除重建。

私有建築物的耐震能力評估

私有建築物耐震能力評估結果若為「確有疑慮」，政府將面臨是否強制住戶搬離的兩難，且集合住宅建物住戶間，

對於結構補強經費的籌措和分擔不容易取得共識，補強位置也可能減少部分住戶的居住空間、影響採光或改變原有使用動線，這些都會造成受影響住戶的抗拒。以上涉及人民權利義務，必須以法律定之。

由於推動不易，目前政府採用補助部分經費的方式，鼓勵民間進行私有建物的耐震能力評估及補強。若有意願，可向各地縣市政府申請協助及經費補助。政府有提供協助的窗口及補助經費的額度，詳見本書第 20 章〈老舊大樓如何進行結構耐震補強？〉

對於建築物產權屬同一所有權人，樓地板面積累計達 1000 平方公尺以上，在 1999 年 12 月 31 日以前領得建照的私有供公眾使用建築物，如旅館、醫院、百貨公司（商場、量販店）、運動休閒場所、電影院、學校、社福機構等，政府則規定依照「建築物公共安全檢查簽證及申報辦法」，強制建物所有權人辦理耐震能力評估檢查及必要的結構補強。

此外，政府為了促使老舊建物加速重建，因此推動「**都市危險及老舊建築物加速重建條例**」，簡稱「**危老條例**」，藉由「建築容積獎勵」、「放寬高度及建蔽率」與「稅賦減免」等三項獎勵，讓小規模基地、有重建需求的建築物，都可以透過簡便的審查程序完成重建。

「危老條例」規定政府給予容積獎勵的額度，根據耐震能力評估的結果而定。以建築物「耐震初評」判定的危險分

數 R 來施行獎勵。

R ＞ 45：屬於瀕危建物，給予 8% 的重建容積獎勵。

30 ＜ R ≦ 45：若經「耐震詳評」結果為建議拆除重建，或補強所需經費超過建築物重建成本的二分之一，屬「改善不具效益」的建物，給予 6% 的重建容積獎勵。惟若屋齡超過 30 年且無電梯的建物，則不必再進行「耐震詳評」，即可取得 6% 的容積獎勵。

為鼓勵危險老舊建築物進行結構耐震補強或重建，政府對於耐震能力評估費用有補助。例如臺北市有關申請程序和補助額度，可查閱臺北市政府頒發的《臺北市危險及老舊建築物加速重建問答集》。

安全宅要點

1. **老屋的安全疑慮需透過專業評估**：耐震能力評估項目很多且繁複，需由結構專業技師執行。
2. **政府有補助**：政府採用補助部分經費的方式，鼓勵民間進行私有建物的耐震能力評估及補強，並透過「危老條例」鼓勵老舊建物加速重建。

20 老舊大樓如何進行結構耐震補強？

921 地震之前，每次遇到較大的地震時，學校校舍都是損毀最嚴重的一群建築物。921 地震時，全臺 293 所中小學校舍嚴重損毀或倒塌，中部重災區很多教學大樓崩塌，一樓被壓成瓦礫般的碎塊，整層樓都不見了。還好地震發生在凌晨，若發生在白天上課時間，恐怕會如 2008 年汶川地震一樣，導致學童慘重傷亡，後果不堪設想！

臺灣喜歡以日本為師，防災演練也是，但橘逾淮為枳。臺灣 1982 年頒布的建築物耐震規範，與日本 1981 年頒布的新耐震基準幾乎雷同，但日本根據新耐震基準蓋的大樓，禁得起 1995 年阪神地震和 2011 年東日本大地震等多次大地震的考驗，很少造成人命傷亡。我們歷次震災中造成最多人命傷亡的集合住宅大樓，卻大多蓋於 1982 年後，是耐震設計規範頒布後設計興建的建築物。2024 年 4 月 3 日花蓮規模 7.2 地震，倒塌最嚴重的天王星大樓即是完工於 1986 年，多棟

倒塌待拆除的大樓，屋齡更是僅 20 餘年。

2009 年，政府決定以補強的手段來提升校舍的耐震能力，行政院指示教育部編列專案經費，開始啟動老舊校舍的

是保命？或坐以待斃？

臺灣過去的震災經驗，讓我想到每年 9 月 21 日國家防災日的地震演練時，災防單位都教導學童及一般民眾，遇到地震時若人在屋內，要立刻躲在桌子底下，但這樣的做法是否真的正確？

當我們在屋內遇到地震時，如果是在較高樓層，往樓下跑，很可能跑到低樓層時，正好被倒塌的房子壓到，而且地震時樓梯往往先震毀，所以高樓層的住戶，就地掩護以保護自己的做法是正確的。但在校舍一樓的學童或正在大樓一樓的民眾，感覺到地震或收到地震警報時，應有足夠的時間往屋外疏散。可以逃而不逃，只是遵循災防單位教導的「趴下、掩護、穩住」震災保命三原則，會不會反而坐以待斃？

以 2024 年 4 月 3 日花蓮發生的規模 7.2 大地震為例，當時位於花蓮市北濱路的一棟大樓瞬間垮下，使得一樓的「幸福時刻早午餐」店面當場消失成為瓦礫。所幸，在店內用餐的 17 位顧客及老闆全部緊急往外衝，才幸運逃過一劫，整個驚險畫面為路旁車內的行車紀錄器錄下。

耐震能力評估及補強,並訂定分年實施計畫。國家地震工程研究中心接受教育部委託,成立專案辦公室,以提供技術研發與行政支援。

過去每次地震之所以有大量校舍震毀,跟臺灣過去校舍的規劃設計不當和施工偷工減料有關。過去的校舍沿襲同一套標準圖設計興建,大多設計為懸臂走廊,走廊外側沒有柱子。另外,為了通風採光,教室兩側牆上大面積開窗,柱子下端部分被左右兩側的鋼筋混凝土窗臺所夾住,柱子上端部分的左右兩側則為窗框。

地震時,沿著走廊方向的柱子,下端被兩側窗臺束制住而無法動彈,與窗框相鄰的柱子上端則隨著地震搖晃,這樣的柱子如果在結構設計上沒有特別加強,很容易產生結構專業上稱為「剪力破壞」的脆裂性破壞,在專業術語上稱為「短柱效應」。

結構技師可以用數學公式來解釋短柱效應的破壞原理,但不容易用淺白的話,跟社會大眾解釋短柱為什麼比較容易震壞。我們可以將柱子用一支竹筷來比喻,當我們手握筷子兩端想把它折斷,筷子會有很大的彎曲,並不容易折斷,但如果把握住的兩手往內移動,只彎折筷子的一小段,竹筷很容易應聲折斷,這就是所謂的「短柱效應」。

在房屋設計上應該妥為安排開窗的位置,避免產生短柱效應,但依照標準圖設計興建的校舍,卻存在大量的短柱。

短柱效應的破壞

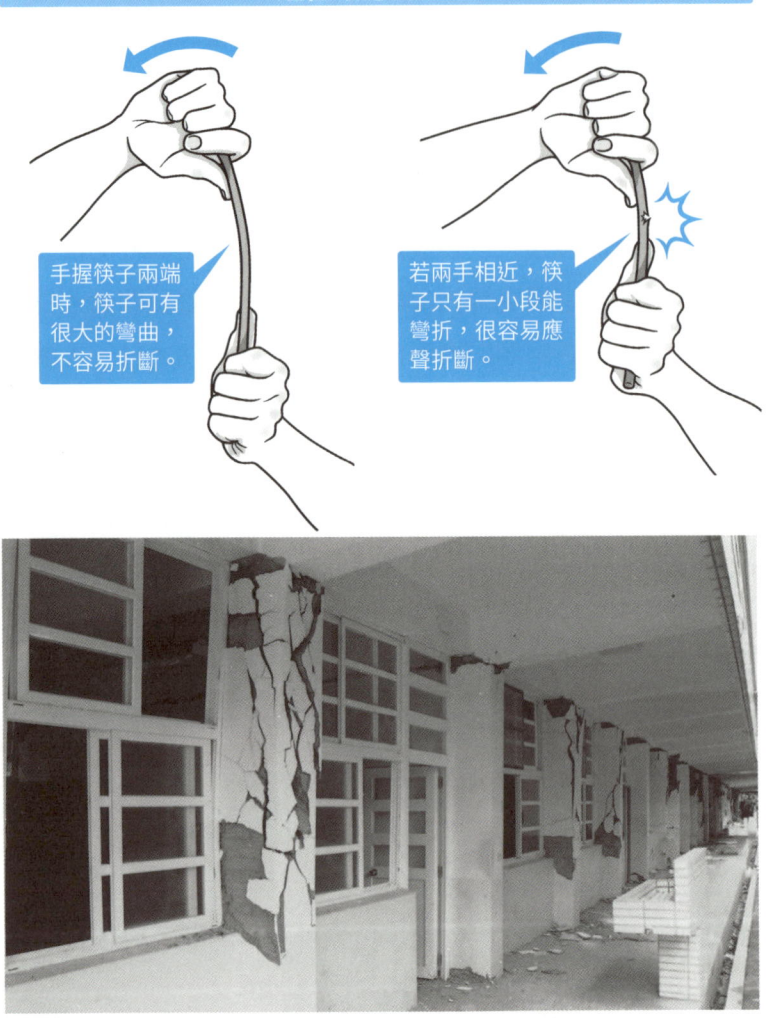

手握筷子兩端時，筷子可有很大的彎曲，不容易折斷。

若兩手相近，筷子只有一小段能彎折，很容易應聲折斷。

▲地震時，圖中校舍的柱子下端部分，因為被兩側窗臺束制住而無法動彈，與窗框相鄰的柱子上端部分則隨著地震搖晃，很容易產生稱為「剪力破壞」的脆裂性破壞，在專業上稱為「短柱效應」。

在地震時，這些鋼筋混凝土短柱會受到超過原設計承載能力的衝擊，但卻沒有經過特別強化，如設計成較大的柱斷面，或在柱內配置更多鋼筋等。再加上早期興建的校舍普遍偷工減料，以致強震來襲時，短柱部分先是產生 X 型的交叉剪力裂縫，繼而混凝土剝落、鋼筋外露。強震若是搖晃久一點，校舍就會倒塌。

國家地震工程研究中心專案辦公室，為老舊校舍的耐震能力評估和補強，制定了一套評估準則和補強工法，輔導各學校委託結構專業技師，先進行校舍的耐震能力評估，並提出補強建議。若評估結果顯示，補強所需工程經費超過重建經費的一半以上，則建議拆除重建，否則由學校向教育部申請經費，進行補強設計及施工。

補強工法包括：擴大原有柱斷面、將柱子加粗的「擴柱工法」；在原有柱的單側或兩側增建鋼筋混凝土翼牆的「翼牆工法」；在兩支柱子間增建鋼筋混凝土剪力牆的「剪力牆工法」；或是增設鋼骨斜撐框架的「鋼斜撐工法」等。

其中剪力牆和鋼斜撐兩種工法，可分擔校舍大樓原有梁柱在地震時所承受的地震力，確保原有梁柱不致因強震來襲而破壞。

教育部自 2009 年 8 月至 2015 年間，總計辦理校舍補強 3256 棟，拆除重建 357 棟。2016 年 2 月 6 日美濃地震造成臺南市嚴重震害，其中永康區的維冠金龍大樓，更是臺灣地

震災害史上因倒塌導致最多人罹難的單棟建築物。然而，臺南市對該次地震的校舍震損統計結果顯示，之前經評估有耐震疑慮需補強的校舍，已完成補強的校舍中，沒有任何一棟出現結構性震損，與 921 地震時校舍大量倒塌的狀況，有很大的不同。可見多年來為了提升校舍耐震能力而執行的補強計畫，已見成效。

私有建築結構補強可有補助

政府原擬從公共建築物做起，帶動有耐震安全疑慮的民間私有房屋也進行結構補強，但是多年來成效不彰。一棟集合住宅大樓的補強，往往如同校舍補強，必須在一樓及較低樓層將原有柱子加粗、增建鋼筋混凝土剪力牆，或裝設鋼斜撐框架等。補強位置可能位在這些樓層住戶的室內，除了必須犧牲部分原有的使用空間外，也可能影響居住的動線和採光，尤其對一樓為店面的住戶影響更大，因此要徵得這些住戶的同意，推動補強，困難重重，甚至不可能。

此外，補強經費的分擔也是一個大問題，要大樓裡的每個住戶都為補強工程拿出數萬元、甚至數十萬元，難以達成共識。也有些大樓住戶擔心推動補強後，大樓會被標籤化為不安全的建物，從而影響房價。推動集合住宅大樓進行結構補強，幾乎成為不可能的任務。但其實以結構技師的專業觀

結構補強工法

▲左圖為施工中的「剪力牆補強」工法案例,右圖為「擴柱補強」工法案例。

▲左圖為施工中的「翼牆補強」工法案例,右圖為「鋼骨斜撐補強」工法案例。

點來看，國內耐震能力不足的大樓數量龐大，潛藏著地震時屋毀人亡的危機。少數推動補強成功後的大樓，房價應該是提升才對，這有賴政府大力宣導。

階段性補強方案

2016 年，高雄美濃地震、臺南維冠金龍大樓倒塌導致 115 位民眾罹難後，政府透過修訂《建築物公共安全檢查簽證及申報辦法》，強制規定 921 地震前興建的私有公用建築物，如百貨商場、旅館民宿、醫院、安養機構等，若使用樓地板面積達 1000 平方公尺，且為同一所有權人或使用人，皆需委託專業技師進行耐震能力評估檢查，每兩年申報一次，若耐震能力不足應進行補強，否則罰款。但對於耐震能力不足的大量集合住宅建物，仍然束手無策。

鑑於國內在歷次震災中倒塌且造成嚴重傷亡的建築物，以一樓為弱層、俗稱為軟腳蝦的建築物最多（這類建築少牆少柱或挑空挑高），期待都更或危老重建又緩不濟急，行政院因此於 2018 年核定推動「全國建築物耐震安檢暨輔導重建補強計畫」，借助校舍補強的成功經驗，委託國家地震工程研究中心成立專案辦公室，輔導民眾在建物無法全面補強時進行弱層補強，以大幅度降低建築物因弱層破壞而倒塌的風險。政府並提供有經費補助，只要經過結構專業技師進行

耐震能力評估，確認符合資格，即可向建築物坐落所在地的直轄市、縣市政府提出申請。

目前政府根據民眾自提的補強目標，將補強方案分為A、B兩類，提供不同的經費補助標準。

補強方案 A：只在一樓弱層補強，可大幅降低地震時倒塌的風險，但仍可能有其他結構性破壞。若補強施作層面積未滿 500 平方公尺，補助上限為 300 萬元，並以不超過總補強費用的 45% 為上限。若補強施作層面積為 500 平方公尺以上，補助上限為 450 萬元，以不超過總補強費用的 45% 為上限。

補強方案 B：以整棟樓綜合考量，施作樓層可能包括二樓以上，並可能影響私人住戶空間，補強後的耐震能力至少需達到耐震規範標準的八成。政府經費補助上限為 450 萬元，並以不超過總補強費用的 45% 為上限。弱層補強如果能達到補強方案 B 的標準，也就是達到耐震規範標準的八成，相對於其他耐震能力堪慮、卻未做任何補強的建築物，實際上可視同已完全補強。

截至 2024 年 2 月止，全國各縣市向政府申請補助的案件共通過 65 件，已完成補強工程施工的有 14 棟。這些建物大多是利用公共空間增建補強結構物，幾乎完全沒有使用到私人空間，且其中只有兩棟屬於較完整的方案 B 弱層補強，可見集合住宅結構補強的推動非常艱辛。

階段性補強方案 A 與 B

　　階段性補強乃在排除建築物軟弱層破壞，透過少許的經費，即可大幅降低建物於大地震來襲時瞬間崩塌的風險，確保生命安全。

方案A

目標：降低補強施作層發生軟弱層集中式破壞的風險。
- 補完後，倒塌機率大幅降低，但仍有可能造成其他破壞模式產生。
- 補強位置：具軟弱層現象的樓層。
- 若要達到現行耐震規範合格標準，未來仍需進行整幢完整補強。

方案B

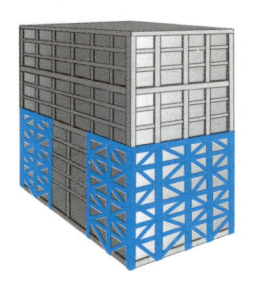

目標：補強後耐震能力至少達耐震規範標準的八成。
- 排除軟弱層現象，耐震能力提升到防止倒塌的目的。
- 補強位置：整棟綜合考量，可能會影響私人空間。
- 若不存在軟層或弱層現象，則僅適用補強方案 B。

2024 年 4 月 3 日,花蓮發生芮氏規模 7.2 的強震,花蓮市天王星大樓等多棟房屋倒塌,其中有幾棟是 2018 年花蓮地震時已震損的大樓。然而有三棟同樣在 2018 年花蓮地震時震損的房屋,經過政府輔導補強完工後,在此次花蓮強震中卻毫髮無傷。其他縣市已經補強完工的建物,經國家地震中心逐一現場勘查,也都沒有任何震損。

既有建物結構補強工程是養兵千日,用兵一時的工作。臺灣位於強烈地震帶上,我們的住家隨時可能受到強烈地震的威脅,為了自己生命和財產的安全,大家都應該關心自己的房子是否耐震。

結構補強對耐震力的提升

補強前、地震前　　　　補強後、地震後

▲花蓮市一棟在 2018 年震損的房屋,經政府輔導結構耐震補強完工後,在 2024 年 4 月 3 日花蓮強震中毫髮無傷。

你家的大樓是否需要結構補強？如何申請政府補助？國家地震工程研究中心「私有建築物耐震補強」專案辦公室可提供相關諮詢和協助，建議大家善加利用。

安全宅要點

1. **老舊大樓補強結構，有助於提升耐震力**：國家地震工程研究中心制定了一套評估準則和補強工法。可在一樓及較低樓層將原有柱子加粗、增建鋼筋混凝土剪力牆，或裝設鋼斜撐框架等。

2. **民眾可自提補強計畫，申請政府補助**：國家地震工程研究中心「私有建築物弱層補強專案辦公室」可提供相關諮詢和協助。

21 老舊大樓如何拉皮？

　　跟歐美和日本等先進國家相比，臺灣特別喜歡用磁磚做為房屋及大樓的外牆飾面材料，紅鋼磚、馬賽克、小口磚、丁掛磚、方塊磚與石英磚等，在不同時期各有流行。根據房屋外牆所採用的磁磚種類和型式，大概便可判別該房屋的興建年代。外牆磁磚質地堅硬，表層釉面光滑有利外牆防水，較不容易髒汙，對沒有維護房屋習慣的國人和建商而言，目前仍然是新建案的第一選擇。

　　然而，一般大樓不論樓層高低都使用磁磚為外牆飾材，衍生了很多問題。原來期待外牆磁磚有助防水，但臺灣地震頻繁，高樓在強震時搖晃幅度大，震後外牆很容易產生裂縫，尤其是窗框角落，磁磚也會跟著開裂，屋內漏水及壁癌也就隨著發生了。

　　另者，外牆貼磁磚時施工品質良莠不一，若磁磚與牆體間的黏接層施作不實，日久後，容易因為氣候溫差大熱漲冷

縮,造成鼓脹,甚至剝落,自高處落下,釀成磁磚砸傷行人的公安事件。僅臺北市,每年平均就有約 700 件大樓外牆剝落通報案件,可見問題的嚴重。

臺北市政府於 2021 年 2 月率先訂頒「臺北市建築物外牆安全診斷檢查及申報辦法」,規定樓高 11 層以上的建物,若屋齡達 15 年,必須每六年檢測申報一次,若屋齡達 30 年以上,則每三年必須檢測申報一次,並要求應在 2022 年 12 月 31 日前全數完成。

但外牆檢測費用動輒數十萬以上,大樓住戶意見又整合不易,申報率極低,在法不罰眾的原則下,市府只好轉以輔導為主,裁罰為輔。若外牆磁磚剝落,造成傷人或砸傷車輛等公安事件,依法要科處新臺幣 6 萬元以上至 30 萬元的罰鍰,並可能衍生民事賠償及刑事責任。大樓所有權人或使用人為防範裁罰,目前皆以架設防墜網因應了事。

「老屋拉皮」政府有補助

外牆磁磚剝落除了造成公安問題外,也會影響房價。若大樓短期內沒有都更或重建的可能,建議還是要加以整修或更新。老舊大樓公設比相對於新建大樓低甚多,若能將外牆及公設空間加以更新整建,應可為整棟大樓及各住戶擁有的房屋增值不少。

然而，老屋拉皮若只是為老舊大樓換新裝，沒有增加大樓的耐震能力，整建後的大樓只是「金玉其表，敗絮其中」，遇強震還是有安全疑慮。因此**建議在為大樓進行拉皮時，一併對大樓做必要的結構補強**，才能真正增加你所擁有大樓的價值。

目前各縣市政府為改善都市景觀，編列有經費補助大樓老舊外牆更新整建（也就是俗稱的老屋拉皮）及耐震補強。如新北市政府，只要是屋齡達 15 年以上的合法建築物，即可申請補助，每案以核准補助總經費 50% 為上限。但如果是位於市府指定的「整建維護策略地區」、「臨 20 公尺以上計畫道路之合法建築物」、「位於捷運站、火車站、歷史建築、古蹟等 300 公尺範圍內且臨 8 公尺以上計畫道路」，得提高補助額度至 75% 為上限，並以 1000 萬元為最高額度。

各縣市補助條件及標準會有一些差異，有意尋求補助的民眾，可自行向各縣市政府主管單位查詢。

常用的外牆拉皮工法

最常見的外牆拉皮工法是將原有磁磚敲除，重新貼上新近流行樣式的磁磚。若因現有磁磚大片脫落而需要重新拉皮，採用這種工法前，**必須先了解磁磚不斷脫落的原因**。

如果是原貼磁磚的 RC 外牆因混凝土中性化，導致外牆

內的鋼筋鏽蝕及混凝土保護層膨拱,進而造成磁磚脫落,僅是將舊磁磚敲除換貼新磁磚,過不了多久,新貼的磁磚還是會再脫落。一定要對混凝土中性化所造成的問題先做處理,再貼新磁磚。此外,有些磁磚脫落,是因為建物本身在地震時搖晃變形太大所導致,若不先對建物結構體補強,減低建物在強震時的搖晃幅度,即使重新貼磁磚,將來還是會產生同樣的問題。

將舊磁磚拆除再貼新磁磚的工法,除了拆除時會產生大量廢棄物外,鑿除時的振動也可能引致外牆龜裂漏水,因此重貼磁磚前,要先確定原有外牆的完整性,必要時先處理好防水問題再貼新磁磚。

如果原有磁磚外牆僅是老舊,或僅小部分脫落,也可不拆除原有磁磚,只需敲除脫落及可能脫落的部分。若有漏水問題應先處理,再用適當的基底材料將原有磁磚面含溝縫一起整平,於整平後的基面上覆蓋新的外牆飾面。

目前市面上常用的新外牆飾面材料及工法不一,有用耐候樹脂製造的仿石漆塗料噴塗工法、用天然石粉壓製而成的軟性石片(表面如同天然花崗岩、砂岩)貼覆工法等,建議有意為自家大樓拉皮的住戶,找具有施工實績的專業廠商評估適合工法及施工造價。

根據以往的外牆拉皮案例,依工法不同,各樓層住戶需要分擔的經費,為所居住室內面積每坪約 1 萬 3000 至 2 萬

元。對於都會區高房價地區來說，拉皮後每坪的房價增值，應遠大於所付出的費用。

安全宅要點

1. **老舊大樓外牆磁磚剝落，屋主有責任**：造成傷人或砸傷車輛等公安事件時，依法要科處新臺幣 6 萬元以上至 30 萬元的罰鍰，並可能衍生民事賠償及刑事責任。
2. **必須先處理造成磁磚脫落的問題**，磁磚才不會重貼後又再度脫落。重貼磁磚前，要先確定外牆的完整性，先處理好防水問題再貼新磁磚。
3. **老屋拉皮政府有補助**：各縣市政府為改善都市景觀，編列有經費補助大樓老舊外牆更新整建及耐震補強。一併對大樓做必要的結構補強，才能真正增加大樓價值。

22 老舊公寓如何增設電梯？

根據行政院國發會的人口統計資料，我國已於2018年成為高齡社會，推估將於2025年邁入超高齡社會，也就是65歲以上老年人口的占比將超過20%。此外，臺灣房屋老化的趨勢也同樣嚴重，根據內政部不動產資訊平臺的統計資料，截至2023年第一季，全臺平均屋齡為32年，屋齡超過40年以上的房屋占比更為34.37%，都會區尤為嚴重。以臺北市為例，屋齡超過30年的老屋約占71.4%，其中五樓以下沒有電梯的老舊公寓超過一半。

政府為了解決老舊房屋的耐震安全疑慮，雖然多管齊下，提出都市更新和危老重建等獎勵政策，但住戶間意見整合曠日廢時。尤其是交通便利的蛋黃區老舊公寓，若經改建為豪宅，房屋稅及大樓管理費皆大幅增加，往往讓住慣原來地區的高齡長輩打退堂鼓。

然而，隨著長輩年紀逐漸增長，行動能力下降，甚至必

須坐輪椅，出門和回家所必經的狹窄樓梯，成為他們踏出家門的最大阻力，也是最危險的一段路。為了突破「老人困老屋」的雙老窘境，目前各縣市均訂定有協助老舊建築物增設電梯的補助辦法。

老屋增設電梯，政府有補助！

以老屋狀況最嚴重的臺北市為例，根據《臺北市協助老舊建築物更新增設電梯補助作業規範》的規定，只要符合以下條件，就可以向市政府的都市更新處申請增設電梯的經費補助：

1. 六層樓以下無電梯，且做為住宅使用比例達全棟二分之一以上之集合住宅。
2. 非屬稅捐稽徵處認定房地總價在新臺幣 8000 萬元以上（按戶認定）之「高級住宅」。
3. 有增設電梯相關建築許可，且屋齡達 20 年以上。
4. 該棟建物非經列管之海砂屋。
5. 整棟建物非單一所有權人持有。

每座電梯補助金額以總工程費的 50% 為原則，若配合增建電梯拆除一樓法定空地違建等，得提高至 60%。每座電梯補助金額以 300 萬元為上限。

以目前市場上常用的電梯為例，增建一座 3 人座 5 層樓

的電梯,總工程款大約落在 600 萬元左右,扣除政府補助的 300 萬元,居民只需分攤剩下的 300 萬元。如增設的是外牆附掛式電梯,在興建完成、取得雜項使用執照後,可以申請產權登記,額外分得增建部分的坪數,每層約可分得 1 至 2 坪,以臺北市、新北市老舊公寓動輒每坪 50 至 100 萬元的房價,未來若轉賣,有不少增值空間。

關鍵在空間及住戶共識

單看政府規定的補助條件與增建電梯的好處,您或許會認為老舊公寓增建電梯的比例很高,但事實上增建成功的案例卻非常少。常見的困難有三:無增設空間、整合住戶意見及協商費用分攤比例、一樓違建拆除問題。

常見的電梯增設型式有**外牆附掛型**、**室內增設型**兩種。外牆附掛型需要占用一樓的法定空地面積,室內增設型則需要室內或梯廳有足夠的空間,然而各縣市的老舊公寓,在新建之初留有足夠空間的並不多。

目前政府以鬆綁建築法令的方式,解決增設空間不足的問題,例如允許將原有寬度 100 公分的剪刀型樓梯,改造為寬度 75 公分的螺旋型樓梯,以便嵌入尺寸為長寬各 120 公分的個人住宅升降梯等。

老舊公寓常可看到一樓違建占用法定空間的狀況,若要

增建電梯，需要拆除部分違建，影響一樓住戶已習慣使用多年的空間。何況一樓並沒有使用電梯的需求，所以時常都得動之以情（行動不便者的需求）、誘之以利（免費取得產權）才能成功取得同意。

依臺北市現行規定，申請增設電梯許可，只需要屋主過半同意即可，但若要申請經費補助，就需要取得全數屋主的同意。臺北市政府為減低一樓住戶的阻力，既存違建若配合拆除，在扣除增設電梯所需要空間後，剩餘部分允許修繕保留，若配合進行整體美化，還可提高增設電梯的補助款比

老公寓增設電梯

▲新北市新店區明德路老公寓增設外牆附掛型電梯成功案例。

率。若一樓住戶不願意配合拆除既存違建，導致無法增建電梯，可向政府建管單位申請調處。若違建戶仍拒絕拆除，申請人可在領得增設電梯許可後，報請建管單位強制拆除。

住戶意見整合及費用分攤比例，也是必須優先克服的問題。長期閒置或出租的屋主往往不願出資，較年輕或較低樓層的住戶，可能因現階段沒有迫切需要而反對，有賴熱心的住戶不斷反覆溝通，提醒大家都會老，現在不需要，不代表永遠不需要。

如何分攤補助款之外的不足經費，需要耐心協商。常見的分配方法如下：由二樓以上住戶平均分攤、根據樓層高度依比例分攤，或不停靠二樓由三樓以上住戶平均分攤等等。後方圖表提供一些增設電梯成功的案例，其不同樓層住戶間的經費分擔比例，可供大家協商時參考。

此外，增建電梯其他常見的困難還有：住戶期待重建，認為房子幾年後就要拆了，沒必要花一筆錢加裝電梯；也有居民擔心新建電梯後，會影響房屋耐震安全。這些都有賴住戶組成的管委會主委或熱心住戶奔波協調，以及專業人士的協助。

電梯增設後每月需要支付電費及維護保養費，以維持正常運作，這有賴住戶依《公寓大廈管理條例》成立管理委員會，或推選管理負責人訂定規約，據以向住戶收取必要的費用。因此，臺北市政府規定必須成立公寓大廈管理組織，才

能申請增設電梯的經費補助。

老舊公寓要享受電梯帶來的便利,除了必須努力取得共識,還需要耐心的等待。根據過往案例經驗,增設電梯所需的時程,計入住戶意見整合(四個月以上)、申請建築許可(四至六個月)、申請經費補助許可(兩個月)、建造時間(六至八個月)、竣工檢查(一個月)、申請使用執照(三個月)、產權登記(兩個月)、請領補助款項(兩個月),全程至少需要兩年以上的時間。

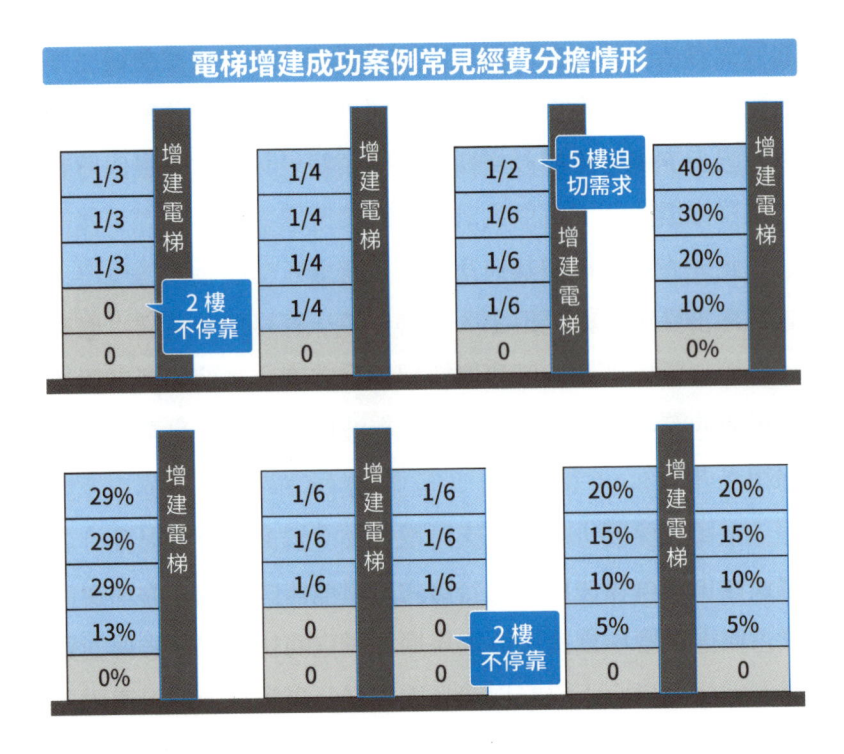

電梯增建成功案例常見經費分擔情形

增建電梯	增建電梯	增建電梯(5樓迫切需求)	增建電梯
1/3	1/4	1/2	40%
1/3	1/4	1/6	30%
1/3	1/4	1/6	20%
0 (2樓不停靠)	1/4	1/6	10%
0	0	0	0%

增建電梯	增建電梯		增建電梯	
29%	1/6	1/6	20%	20%
29%	1/6	1/6	15%	15%
29%	1/6	1/6	10%	10%
13%	0	0 (2樓不停靠)	5%	5%
0%	0	0	0	0

228 尋找安全的家

以上過程包括規劃設計和建造施工，可選擇有增設電梯業績的工程公司，提供從規劃設計到施工的一條龍服務，或先委託有經驗的工程技術顧問業者或建築師事務所完成規劃設計，再發包給營造公司施工。兩種方式各有優缺點，民眾可自行評估選擇。

房屋結構至關重要

老舊公寓增建電梯，不論採用外牆附掛型或室內增設型，電梯間的結構都必須固定於原有的房屋結構或外牆上，所以原有房屋結構或外牆強度是否足夠，非常重要。另者，電梯間增建後，也會影響原有房屋結構在地震時的受力行為，是否會有地震力集中於少數結構梁柱的不良影響，需要請結構技師事先評估。

此外，電梯間結構的新建基礎若設計時未考慮周詳，增建電梯使用數年後，梯間結構可能會有相當幅度的沉陷。中國大陸的老舊小區住宅就曾因增設電梯，導致梁柱結構或外牆被拉裂。危及原有結構安全的案例很多，不可不慎。

除了臺北市對於老舊公寓增建電梯有補助，新北市對於都市計畫範圍內的合法住宅，若屋齡達15年以上、樓層在五樓以下，也可補助總工程經費的45%，以300萬元為上限，若符合特定條件，另設有額外獎勵。

其他地方政府也各有補助辦法，若需要更詳細的資料，可洽詢各縣市建管單位。

安全宅要點

1. **老舊公寓增設電梯關鍵在於空間及住戶共識**：臺北市老舊公寓若想申請增設電梯許可，只需要屋主過半同意。若想申請政府補助，則需要取得全數屋主同意。增設後還有賴健全的管理委員會負責管理。
2. **常見型式有外牆附掛型和室內增設型**：外牆附掛型需要占用一樓的法定空地面積；室內增設型需要室內或梯廳有足夠的空間。
3. **房屋結構至關重要**：電梯間的結構固定於原有的房屋結構或外牆上，增建電梯後對原有房屋結構安全是否有影響，需要請結構技師事先評估。

23 惱人的房屋漏水和壁癌

根據內政部不動產資訊平臺統計，各季房地產買賣糾紛原因中，房屋漏水問題都是高居第一名。有些屋主或投資客會在中古屋出售之前，先加以簡單裝潢及油漆，隱蔽原有的漏水現象或壁癌，爭取較好的賣相。除非屋主蓄意隱瞞，在仲介業者提供的不動產說明書上勾選未漏水，否則購屋者在交屋後，很難循消費者申訴或訴訟手段解約，或要求原屋主負擔修繕費用。

建議大家在選購中古屋時，盡量不要選擇以重新裝潢為訴求的房子，老舊中古屋多少會有裂縫或滲水等瑕疵必須修繕，購屋者可藉此要求屋主折讓屋款。此外，最好先自行評估這些瑕疵是否有修復的可能，再行下訂。

造成房屋漏水的原因很多，主要可歸納為房屋施工瑕疵和內部管線漏水兩大類。常見的房屋施工瑕疵造成的漏水問題，有鋁門窗框四周漏水、冷氣窗上方蓋板周圍漏水、牆角

樓層接縫漏水（尤其是有外露梁的室內踢腳部位）、陽臺及花臺內側漏水等。

此外，外牆在地震過後產生裂縫、外牆或樓板混凝土強度不足導致結構體內孔隙多、混凝土未灌實留下蜂窩部位等，也是漏水的原因。老舊加強磚造房屋的外牆為紅磚所砌造，紅磚吸水性較大，再加上磚縫可能未用水泥砂漿填實，導致這類房屋漏水非常普遍。

要徹底解決外牆漏水問題，必須從牆外重新做好防水，但集合住宅的外牆防水修繕除了必須從室外搭架外，還必須拆除原有面磚或石材鋪面，重做防水層再復原，所費不貲，在現實上很難付諸實施。

建議大家在選購中古屋時，最好先查看漏水和壁癌位置是全面性的，或只是局部。若是局部的問題，才有可能從室內尋求解決方法。

從室內修復漏水問題，一般是採壓力灌注法，將不收縮的親水性發泡樹脂或環氧樹脂灌入裂縫內填補，即坊間所謂的「打針工法」。由於裂縫修復後，遇地震時仍可能再開裂，所以選用的填縫材不宜是容易斷裂的剛性材料。此外，各種樹脂也有老化問題，僅從室內施工難以一勞永逸，大家最好找有口碑、較多實績，並願意提供較長期限保固責任的專業廠商來施工。

壁癌的成因和處理

牆壁漏水常會伴隨著室內產生「壁癌」。鋼筋混凝土牆或水泥漿砌磚牆受水侵蝕後，水泥水化物中的鈣離子與水反應，形成可溶於水的氫氧化鈣 $Ca(OH)_2$ 並滲出混凝土表面，與空氣中的二氧化碳 CO_2 作用，生成碳酸鈣 $CaCO_3$，並在水分蒸發後析出白色碳酸鈣結晶鹽類，附著於牆上，這種現象即所謂的「白華」，由於難以根治，所以俗稱「壁癌」。

壁癌不僅損害牆壁，破壞室內裝修，而且發生壁癌的牆面潮濕，又附著許多毛狀結晶物，非常適合黴菌大量繁殖。這些黴菌隨著空氣飄散到家中各處，影響人體的肺、呼吸道、支氣管及皮膚健康。先進國家對壁癌零容忍，視為重大的健康威脅。

壁癌最常發生的位置是外牆，以及浴廁磚砌隔間牆的外側。想根絕壁癌問題，只有**從受水淋的一側將水完全堵死，讓水不再侵入壁體內**，方能見效。如果是自家室內浴廁隔間牆外側出現壁癌，建議先敲除浴廁內磁磚及地磚，重做防水層再重貼磁磚及地磚，然後再處理牆外側的壁癌問題。

至於外牆的壁癌問題，要從室外重做防水修繕，但難度很高；若無法從牆外側堵水，則退而求其次從室內施作。臺灣營建防水技術協進會建議，可先磨除壁癌面的水泥漆或壁紙，若水泥砂漿粉刷層已嚴重劣化，則需全面打除至紅磚

面,重做一次粗胚粉刷。接著,以矽酸質系的防水材分兩次塗刷,由於矽酸質防水材中含有活性矽,滲入牆內後,可搶先與鈣離子發生反應,生成樹枝狀結晶體,填充於混凝土或磚牆內的孔隙及裂縫中,達到內部阻水的效果。之後,於防水層上再做一次水泥砂漿粉刷層。

由於工序繁複,建議委請專業廠商施工。若壁癌範圍不大且輕微,則可試著自行購買市售的防壁癌漆,依說明書上程序自行處理塗刷,觀其後效。

天花板漏水,不必兩敗俱傷

大樓或公寓屋內天花板漏水,往往造成樓上樓下鄰居糾紛,甚至對簿公堂。老舊房屋浴室及陽臺地面防水層老化,或埋設於天花板內的水管破裂,都可能造成樓下鄰居天花板漏水。有些住戶對於樓下天花板漏水問題,擺出事不關己的態度,逼得樓下鄰居不得不訴諸公堂,若訴訟結果樓下鄰居勝訴,樓上住戶除了必須雇工修繕外,還必須負擔訴訟費,以及樓下鄰居對鑑定費、律師費和屋內損壞的裝潢、家具費用等的求償,這些費用相加起來,往往數倍於處理漏水問題的修繕費。

例如結構技師公會曾經受理一件法院鑑定案,處理三、四樓間天花板的漏水糾紛,光鑑定費及檢測費即高達 11 萬

3000元，鑑定結果為四樓的熱水給水管漏水，需由四樓住戶負責修繕，但修繕費僅需5萬4000餘元。由此可見，遭遇漏水，以同理心與鄰居共同尋找原因和協商解決之道，才是正確的做法。

民眾若發現家裡天花板漏水，也不必先入為主，認為一定是樓上鄰居的責任，埋設於柱內的雨水排水管、大樓公共管道內的管路破裂或堵塞，也可能是源頭。建議先記錄漏水開始發生的時間，逐日描述漏水狀況並拍照或錄影，這有助抓漏時找到漏水源頭，然後與樓上鄰居溝通，找師傅入內勘查及抓漏。樓上住戶也不要拒絕樓下鄰居入內勘查及抓漏，以免將來付出更大的代價。

抓漏結果若確認樓上住戶有責任，依據《公寓大廈管理條例》規定，有各種不同狀況的處理及修繕費用分擔比例。例如，五樓住戶天花板滲水，經調查是五、六樓之間的管線出問題，修繕費應由五、六樓住戶一起分擔。如果漏水原因來自牆壁內的管線，則修繕費由牆壁兩側的鄰居共同分擔。但如果漏水不是因管線自然老化、鬆脫所造成，可歸咎於某一戶鄰居，例如因裝潢、排水孔堵塞不清理，或住戶專用管線漏水等，就應該由造成問題的住戶單獨負責。

俗話說：「醫生驚治嗽，土水師傅驚抓漏。」常可見找了師傅來抓漏修繕，結果還是漏。對於常見的管線破損或防水層失效漏水，建議可依下列步驟自行初步檢測，再找專業

的抓漏師傅來處理。

1. **先觀察漏水是持續性還是間歇性：**若是 24 小時持續漏水，一般是冷熱水管這類給水管漏水，因為管內一直有水。若是間歇性漏水，則可能是排水管、糞管或地板防水層破裂。
2. **判斷是熱水管或冷水管漏水：**先將熱水器的進水閥關閉，打開熱水龍頭將水漏光，觀察一個晚上有沒有漏水，如果漏的速度變慢或沒漏，就可確認是熱水管漏水。如果還是持續漏水，到頂樓從水表總開關關水，若關掉後不漏，就是冷水管漏水。
3. **如果有人洗澡時才漏水：**可能是排水管或地板防水層破裂。針對排水管是否漏水的測試，可分別在浴室馬桶、面盆、浴缸及地板排水孔持續注入添加顏料的水約 30 分鐘，觀察有顏色的水是否滲漏至漏水處。此方法也可用來測試廚房洗槽的排水管是否漏水。
4. **測試是否因浴室地板防水層破裂而漏水：**可用膠帶把地板排水口封死，將浴室地板放滿水至門檻後進行觀察，如果漏水狀況更嚴重，那就是地板防水層破裂。若是屋頂在下雨天時才漏水，也可用同樣方法進行測試。

以上只是初步找出漏水的可能原因。自行初步測試之後，再找廠商來抓漏，可以避免抓漏廠商誤判，愈抓愈漏，花了錢卻解決不了問題。

不管是冷熱給水管或排水管漏水，還必須找到水管破裂或接頭鬆脫的地方，這有賴專業廠商借助儀器來檢測。一旦找到漏水的源頭，可將暗管改為明管，或鑿除樓板、牆壁，將破損處加以修復，最能確保補漏成效。若不願意採用上述方式，有些專業廠商提供「用加壓方式在管線漏水處灌注水性樹脂的補漏工法」，可慎選有經驗、實績，又願意提供較長保固期限的廠商，試試看成效。

若測試結果是浴室地板防水層的問題，敲除地磚重做防水層再復原，是徹底解決問題的方法。若浴室空間夠大，改採乾溼分離方式，做好淋浴間或浴缸的排水系統，或許可避免敲除地磚重做防水層的補漏方式。

抓漏止漏工程費用多少才合理？

一般抓漏止漏工程難以做單價分析。臺灣營建防水技術協進會提供了一個較易為一般消費者了解的計價方式：**含工帶料為業者工資的 2 至 4 倍。**

舉例來說，業者為你家的抓漏止漏工程預計施工 2 天，每天出工 2 人，則總共出工數為 4 人工。以現在技術工的工資為每人工 3500 元計算，則該工程的合理費用在 2 萬 8000 元至 5 萬 6000 元之間。

業者工資 2 倍：3,500 × 4 × 2 = 28,000 元
業者工資 4 倍：3,500 × 4 × 4 = 56,000 元

地下室外牆漏水如何根治？

都會區建案大多以連續壁做為開挖施工時的擋土措施，和完工後地下室的外牆。連續壁是沿著地下室周圍一片片施工後，相連接而成的鋼筋混凝土壁體，因此稱為連續壁。施工時沿著開挖範圍四周，從地表往下挖掘深槽溝，灌注穩定液以防止槽溝兩側土壤坍塌，再放置鋼筋籠並澆灌混凝土。

由於連續壁不同施工單元間有接縫，日後地下連續壁外土壤中的地下水，很容易沿著接縫滲入地下室。而且混凝土是在穩定液中澆灌，品質控制不易，經常發生包泥、塌孔等缺失，使得混凝土壁體水密性不佳。這些原因都使得地下室外牆漏水成為普遍的現象。

國外一般只將連續壁當作地下室開挖的臨時擋土措施，並不做為永久外牆，因此會在連續壁內側再築一道鋼筋混凝土結構牆，稱為「複壁」。連續壁若漏水，可經由連續壁與複壁間的截水溝引導排放。國內建案為了停車位，對於地下室內的空間錙銖必較，因此直接將連續壁做為永久外牆，內側不再施建一層複壁，導致地下室外牆（連續壁）漏水常成為困擾大樓住戶的問題。

若地下室外的土壤地下水位高，連續壁漏水很難根治，若室內空間允許，施建一層複壁以截水溝引導排放，才能徹底解決問題，否則只能反覆進行止漏工程，減少漏水率。

止漏對策一般可先灌注發泡樹脂或急結水泥止漏，再於壁面塗布矽酸質防水劑，藉著矽酸質防水劑中的活性矽滲入連續壁內，搶先與混凝土中的鈣離子發生反應，生成樹枝狀結晶體，填充於連續壁內的孔隙及裂縫中，達到內部阻水、減少漏水量的效果。

安全宅要點

1. **房屋漏水問題高居買賣糾紛第一名**：老屋多少會有裂縫或滲水等瑕疵，購屋時最好避免裝潢屋，並且先評估是否可能自行修復。

2. **外牆漏水問題要徹底解決，必須從牆外重新做好防水**：想根絕壁癌問題，必須從受水淋的一側將水完全堵死。局部的漏水和壁癌問題，才有可能從室內尋求解決方法。

3. **天花板漏水不一定是樓上的責任**：雨水排水管、大樓公共管道內的管路破裂或堵塞，也可能是漏水源頭。建議先記錄、拍照或錄影，然後與樓上鄰居溝通，找師傅抓漏。

4. **漏水訴訟費用往往比漏水修繕更昂貴**：天花板漏水問題導致訴訟時，若樓下鄰居勝訴，樓上住戶除了必須雇工修繕外，還必須負擔鑑定費、訴訟費及樓下鄰居的求償，這些費用相加起來往往數倍於處理漏水問題的修繕費。

24 為家人打造無毒的居住空間

一般人普遍認為室內空氣應該比室外乾淨，但世界衛生組織（WHO）的研究卻指出，室內空氣汙染物的濃度常為室外的二至五倍，有時甚至高達 100 倍。室內空氣汙染物主要來自裝修建材及家具中超量的甲醛釋出，以及揮發性有機化合物（VOCs）。

甲醛是一種無色有毒的氣體，空氣中只要含有 0.1 ppm[*] 的甲醛，就聞得到刺鼻的異味，0.5 ppm 會刺激眼睛和喉嚨，更高濃度會導致頭暈、噁心、嘔吐等症狀。長時間暴露在甲醛環境中，學齡前兒童會出現過敏性鼻炎、氣喘等問題，女性則易經期紊亂、生育能力降低，甚至流產。

此外，甲醛易溶於水。常用於製作標本的福馬林就含有

---

[*] ppm 為百萬分率，1 ppm 即百萬分之一。此處指甲醛在空氣中的體積濃度為百萬分之 0.1。

35% 至 50% 的甲醛，用來防範標本生蟲，或被螞蟻、細菌等微小生物噬食。甲醛之所以能做為防腐劑，是因為它很容易與蛋白質和 DNA 反應，包括人體的蛋白質和 DNA。長期吸入甲醛可能導致淋巴癌和鼻咽癌，也會導致造血系統出問題，增加白血病的風險。因此甲醛已被世界衛生組織的國際癌症研究署，歸類為**一級致癌物**。

儘管甲醛有毒且威脅人體健康，卻是製造合成樹脂的重要原料。木製家具及常用於室內裝潢的合板、木心板、集成材、木質地板等建材，在製作過程使用的膠合劑，就是含有甲醛的樹脂。含甲醛的膠合劑除了可提供木料組合時優良的黏結力外，還可殺死天然木材中的蠹蟲，防範家具和裝修好的櫥櫃、天花板等被木蠹蟲或白蟻蛀食。

市面上雖有標榜零甲醛的膠合劑，但黏結力較差又無防蟲作用，且價格昂貴，難以大量用於木板材的製作，因此我們所使用的木家具和室內裝潢所用的木質建材，很難擺脫含有甲醛成分的膠合劑。

除了木製建材外，油漆中含有樹脂、乳膠等有機物質，也需要添加甲醛來增加黏附力，並防止細菌與黴菌滋生。地毯或窗簾等，為了抗皺也常添加甲醛樹脂做為定型劑。甲醛在建材的使用上，可說無所不在。

在通風良好的室內，油漆中的甲醛經過一至兩週就會揮發掉，但木製家具和裝潢板材膠合劑裡的甲醛，可能需要 3

至 15 年才能完全揮發，嚴重影響人體健康。為了國人的健康，經濟部標準檢驗局自 2007 年起，陸續訂定木質製品甲醛釋出量的國家標準，將甲醛釋出量的標準分為 F1、F2、F3 等三個標示等級，**阿拉伯數字愈小表示甲醛釋出量愈少**。無論是進口或國內製造的成品，必須是 F3 等級以上才能進入市場銷售。

目前市售的板材絕大部分為 F3 等級，F1 等級板材的價格比 F3 等級貴了大約 30% 至 40%，有需求時必須先向木材行訂購才能取貨。F2 等級板材常運用於系統家具的製作，個別板材較少在市面上出現。F3 等級板材的優點是價格較實惠、取得容易，因此多數木作裝潢都是以 F3 等級的板材為主。

有些歐洲進口板材，強調符合歐洲規範 E1 等級，但甲醛釋出量其實與我國的 F3 等級相當。至於業者強調零甲醛的 E0 等級，並非官方的正式規格，即使是有經驗的木工師傅也難以判別效能。建議大家若有更高的無毒要求，但預算有限，不妨採用價格較透明的國產 F1 等級板材。

經濟部標準檢驗局提醒消費者，選購及使用「木製板材」時應注意下列事項：

1. 認明商品檢驗標識：購買時，確認木製板材商品有貼附「商品檢驗標識」，並可前往經濟部標準檢驗局「商品檢驗業務申辦服務」網站查詢檢驗標識。

2. **選購標示清楚者：**商品上需標示廠商名稱、地址、製造年月日或批號、品名、原產地及甲醛釋出量符號。甲醛釋出量符號分為 F1、F2 或 F3。阿拉伯數字愈小表示甲醛釋出量愈少。

值得注意的是，雖然個別的 F1 至 F3 板材，甲醛釋出量在試驗室裡檢驗時符合國家規定標準，但若在有限的室內空間內使用過多的裝修材料，再加上裝潢過程中還需使用甲醛樹脂將不同板材膠合，可能讓室內空氣中的甲醛釋出總量

板材的選購

經濟部標準檢驗局
「商品檢驗標識」圖樣

◀選購板材時應選擇貼有「商品檢驗標識」的產品。板材上宜清楚標示廠商名稱、地址、製造年月日或批號、品名、原產地，以及甲醛釋出量符號。

超標——行政院環保署對室內空氣的要求為，**甲醛一小時釋出濃度需小於 0.08 ppm**。

本書一再呼籲室內不要過度裝修，不要把過多的牆壁和天花板用板材等裝修材料遮蔽起來，除了地震過後若有震損，可及時發現並修復外，也可避免室內甲醛超標，危害身體健康。

為了膠合和防蟲的目的，並沒有真正零甲醛的木製板材。室內裝潢時只要採用有「商品檢驗標識」的板材，不要過量裝修，且在裝修完成後保持室內通風一個月以上再入住，便可大幅消除甲醛對我們健康的危害。

油漆種類也需慎選

不管是新居落成或舊屋重新裝潢，都離不開油漆，一般油漆塗料可分為「**水性**」和「**油性**」兩種，差別在於塗刷時**用以稀釋的溶劑不同**。水性油漆使用清水做為稀釋溶劑；油性油漆使用甲苯、松香水、香蕉水等有機溶劑稀釋。

油性油漆在塗刷過程中，有 10% 至 20% 的有機物質會揮發出來，而在乾燥和硬化過程中，更有 70% 的有機物質會揮發到空氣，這些對健康有危害的有機化學物質，包括苯、甲苯、二甲苯、苯乙烯、丙酮等，簡稱 **VOCs**。

除了油性油漆使用有機溶劑會揮發苯系物外，苯也是油

漆不可或缺的生產原料，有增加油漆硬度和附著力的功能。除了昂貴的礦物塗料外，要找到完全不含苯的油漆幾乎是不可能的事。然而，吸入過高的 VOCs 會影響中樞神經系統、消化系統及呼吸系統的功能，使人出現頭暈、頭痛、嗜睡、無力、胸悶、食欲不振、噁心等症狀，嚴重時還會造成肺水腫、皮膚炎、個體免疫失調，甚至有致癌風險。VOCs 中的**苯**和甲醛一樣，也被世界衛生組織的國際癌症研究署歸類為**一級致癌物**。

　　臺北市環保局曾針對水性及油性塗料的揮發性，做過儀器測試，結果顯示油性塗料的 VOCs 瞬間濃度，約為水性塗料的 150 倍。因此室內裝修油漆時，應採用對人體健康較無危害的水性塗料，如水性水泥漆或乳膠漆。

　　水性水泥漆廣泛適用於水泥粉刷牆面，通常以清水稀釋溶劑，比例為 10% 至 20%，施工簡單好塗刷，而且價格便宜。**乳膠漆**俗稱塑膠漆或 PVC 漆，是比水泥漆更為細緻的一種塗料，適用於室內牆面，也使用清水做為稀釋劑，具備不易髒、耐刷洗的特色，不同的產品還有抗菌、防黴、竹炭除醛等多種特性，相較於水泥漆價格稍高。

　　目前我國建築用塗料的揮發性有機化合物 VOCs，有規定最大限量值，包含水性水泥漆及乳膠漆在內，「水性塗料」的標準為 200 g/L，甲醛釋出量則必須在 0.12 mg/m^3（相當於 0.1 ppm）以下。若符合標準，經濟部標準檢驗局即會發

給「商品檢驗標識」。

市售幾個較大的知名品牌，檢驗出的 VOCs 含量皆遠低於國家的強制標準 200 g/L。因此，消費者可放心選用有標檢局「商品檢驗標示」的水性水泥漆及乳膠漆，用於室內油漆之用。

選購時除了必須注意貼有商品檢驗標識外，並應檢視塗料商品的中文標示是否完整，包括商品名稱、製造商或進口商名稱、電話、地址、商品原產地、保存期限、塗刷方式、安全注意事項及危害圖等，以確保購買的產品符合規定，保障安全。

目前市售的水性水泥漆及乳膠漆，除了標示有「商品檢驗標識」外，一般也標示有經過財團法人臺灣建築中心認證合格的「綠建材標章」，消費者可安心選購使用。

塗刷在牆面上的油漆，一般等到漆膜硬化乾透後，VOCs 也就不超標了。不管使用水性或油性油漆，塗刷時都應帶口罩，塗刷完成後應保持室內通風透氣。水性油漆硬化快，塗刷完成後一星期就可入住，若使用油性油漆，則建議至少要等一個月。

安全宅要點

1. **室內也會有空氣汙染**：主要來自裝修建材及家具中超量的甲醛釋出，以及揮發性有機化合物。甲醛和有機化合物中的苯，為一級致癌物。

2. **零甲醛的木製板並不存在**：選購時要認明商品檢驗標識，並選購標示清楚的產品。不要過量裝修。裝修完成後保持室內通風一個月以上再入住。

3. **水性塗料對健康較無危害**，如水性水泥漆或乳膠漆。水性油漆硬化快，塗刷完成後一週就可入住。油性油漆內揮發性有機化合物多，建議至少要等一個月才入住。

25 老屋電線
需要重新抽換嗎？

根據內政部消防署統計，臺灣建築物火災起火原因以電氣因素排名第一位，爐火烹調、遺留火種排名第二、三位。現在的家電愈來愈多樣，如窗型冷氣改為分離式冷氣，屋內使用電暖器、除濕機、空氣清淨機等，廚房加裝烤箱、微波爐、洗碗機，瓦斯爐改用電磁爐具，熱水器改為電熱水器等，高功率電器的使用愈來愈多，使得用電量大為增加。

根據經濟部現行用戶用電設備裝置規則，居家電燈、插座等配線應使用單線直徑 2.0 mm（可乘載電流 18 安培）或絞線截面積 3.5 mm²（可乘載電流 19 安培）以上的電線。但早期老舊房屋大都使用線徑 1.6 mm（可乘載電流 13 安培）的電線，早已不符合現行法規與家用需求。若再加上回路的用電分配不當，便容易造成電線負荷的電流量過大，進而引發電線走火的意外。

此外，包覆電線的絕緣體使用年久後也會老化變脆。若

老屋使用的 PVC 電管管徑窄小，裡面塞太多電線，會導致電阻過大，使得電線的導體銅芯發燙，進而使絕緣體因高溫而加速老化，容易引起電線短路走火。

因此，老舊房屋重新裝修，或家裡有頻繁跳電的現象時，建議委請電機技師或合格的電器承裝業，估算現有燈具、家電設備及未來可能增加的所有電器的總電量需求，評估舊有電線是否需要重新抽換。若電源容量不足，也可向台電公司申請擴充。

電機技師建議，屋齡超過 25 年的房子，即使沒重新裝修，也應重新評估、檢視電線是否應該抽換。

重新拉線時，應使用**線徑 2.0 mm 以上**、合乎現行規範且經過經濟部標準檢驗局檢驗合格的電線電纜。對於廚房、冷氣等會用到高功率電器的插座，應設置**專用回路**，並使用**截面積 3.5 mm² 或 5.5 mm² 的電線**。除了電線之外，總開關箱內的**無熔絲斷路器**＊也要換新，否則等於只換了半套，一樣有可能發生用電安全問題。

電線重新抽換的費用通常以長度報價，需要更換的管線愈長，報價愈高。以 2022 至 2024 年間三房兩廳格局的住家為例，全屋電線重新抽換的價格約介於 6 至 10 萬元之間。若有配管彎曲太大以致抽換不易，或電線管線老化、供電容

＊一種電路保護裝置，當用電過載或短路時可自動跳脫斷電，達到保護作用。

量不足、部分設備破損等狀況，整體費用可能會增加到 10 萬元以上。

遵守用電安全規則

不論是新屋或舊屋都應該遵守下列「六不原則」，以避免電線起火風險。

1. **用電不超載**：常見同一個插座或同一條延長線上連接過多高功率電器，如電鍋、熱水瓶、電磁爐、電熨斗等，若電流總量超過插座或延長線容許的電流負荷量，很容易引起電線走火。電機技師建議，一般人不了解回路電流的分配，建議少用延長線。
2. **電線不綑綁重壓**：電線或延長線若綑綁使用，或壓在重物下，內部銅線很容易折損斷裂，也會造成散熱不易，使電線絕緣體劣化破損，容易引起短路起火的意外。
3. **插頭不潮濕汙損**：應時常檢查電器插頭有無潮濕、焦黑、綠鏽或堆積灰塵等異常現象，並擦拭保持乾燥與乾淨，以避免積汙導電，造成短路著火。
4. **插座不用不插**：電器不用時雖未開機，但若插頭仍插在插座，便是處於通電待機的狀態，不但有發生電氣火災的風險，也會有通電待機所導致的電費支出。建議電器不使用時，電源插頭應拔掉，不僅能預防電氣火災，也

能節省能源及電費。另外，拔掉電器電線或延長線的插頭時，應手持插頭取下，不可以僅拉扯電線，以避免造成電線內部的銅線斷裂。

5. **電器旁不放易燃物**：使用電氣應與衣物、窗簾、床單之類的可燃物保持適當距離，以免因接觸熱或電線短路後引燃，造成火災並擴大延燒。此外，冬天若使用電暖器等發熱電器，應與周圍可燃物（衣服、報紙、床鋪等）保持一公尺以上的安全距離，尤其是不可使用電暖器烘衣服或棉被。

6. **不使用無安全標章產品**：汰換老舊電器，應選購經濟部標準檢驗局檢驗合格，且貼有「商品安全標章」的產品，並詳讀使用說明書，妥善使用與保養維護。

安全宅要點

1. **屋齡超過 25 年的房子**，即使沒重新裝修，也應重新評估、檢視電線是否應該抽換。

2. **確保用電安全**：使用線徑 2.0 mm 以上、經標準檢驗局檢驗合格的電線電纜。廚房、冷氣等高功率電器的插座應設置專用回路，並使用截面積 3.5 mm² 或 5.5 mm² 的電線。電線重新抽換時，總開關箱內的無熔絲斷路器也要換新。

26 都市更新和危老重建有何不同？

據統計，截至 2023 年底，全臺住宅平均屋齡已高達 32 年，且屋齡 30 年以上的住宅比率高達 51%。換句話說，全臺一半以上的人口，住在屋齡 30 年以上的老屋中，若是在臺北市，這個數字更高達 72%。

老屋住戶除了面臨防震、防災的疑慮外，都會區新建案的房價更已非一般人所能負擔，很多住戶遂寄望於「都市更新」或「危老重建」。這兩種老屋重建方案，差別在哪裡？

老屋重建如何選？

「都市更新」目前適用的法條主要是「都市更新條例」，這是政府長年來持續推動的政策，包含都市老舊房屋的重建、整建和維護。另一為人熟悉的「危老重建」，則是「都市危險及老舊建築物加速重建條例」的簡稱，這是政府在

2017年才公布的法案,從名稱上面即可看出,法案的目標是加速危險、老舊建築物的重建速度,可以想像成「加速版」的都更。

一樣是舊屋重建,危老重建與都更在規定上有許多不同的地方,分述如下:

一、基地參與條件:

都市更新:

擬拆除重建的建物,必須是位於都市計畫範圍內的合法房屋,且位於政府劃定的「更新單元」內。

所謂更新單元,是指擬實施都市更新的範圍。民眾可自行上內政部的「國土管理署」入口網,或到各縣市政府網站查詢。

除了政府劃定的更新單元外,民間也可以申請自行劃定更新單元,但必須是符合政府所頒布的「劃定基準」及「評估指標」的基地,才可申請劃定。

以臺北市為例,更新單元的基本規模為面積1000平方公尺以上,只要該範圍內屋齡30年以上的老屋占比超過50%以上,大致都能夠符合規定。若面積在500平方公尺以上、但未達1000平方公尺,則須經都更審議會同意,申請程序較為繁複費時。

危老重建：
　　只要是位於都市計畫範圍內的合法建築物，為海砂屋、震損屋，或屋齡 30 年以上老屋，經過耐震能力評估未達一定標準或改善不具效益，且經重建計畫範圍內土地及合法建築物所有權人 100% 同意，即可申請進行危老重建。但經主管機關指定具有歷史、文化、藝術及紀念價值的建築物，不得申請。

二、**容積獎勵：**
　都市更新：
　　容積獎勵上限為 1.5 倍法定容積，或 0.3 倍法定容積加上原建築容積（可自選最有利方式）。
　危老重建：
　　容積獎勵上限為 1.3 倍的法定容積，或 1.15 倍的原建築容積（可自選最有利方式）。
　　另外，政府為了鼓勵危險老屋早日重建，根據重建時程及基地規模，訂定有「時程及規模」獎勵，最高可獲得 10% 的法定容積，惟時程獎勵額度逐年減少，並將於 2025 年 5 月 11 日歸零，超過這個時間點，想獲得額外的 10% 容積獎勵，只有靠基地的規模了。

認識容積率

容積率：指建築基地內建築物總樓層面積（不包括地下層）與基地面積的比率。

容積率 = 總樓層面積 ÷ 基地面積

簡單說，在既有土地面積上，容積率愈高，房子可蓋的樓地板面積愈多。對建商而言，容積率愈大，地價成本在房屋總成本中的占比愈低；對住戶而言，容積率愈大表示建築密度愈高，難免影響居住品質，但都更後能分到比較多的坪數。

法定容積：也稱基準容積。政府對於都市計畫內不同的使用分區規定有不同的「法定容積率」。以臺北市「住三之一」使用分區為例，法定容積率為 300%，意思是基地面積如果是 1000 坪，可興建的容積樓地板面積是 1000 坪 × 300% = 3000 坪。不管蓋幾樓，這塊基地的法定容積最多就是 3000 坪，不同之處在於建築物的高矮瘦胖。

原建築容積：在全面施行容積率管制前，即 1983 年前興建的房子，各樓層登記的主要建築物總面積（不包含違建空間）即為「原建築容積」。原建築容積有可能超過現行法定容積，同樣以臺北市「住三之一」使用分區土地 1000 坪為例，若土地上現有合法建築物各樓層總面積為 4000 坪，基地的原建築容積即為 4000 坪，超過法定容積 3000 坪。

假設臺北市「住三之一」使用分區土地 1000 坪上，有一興建於 1981 年的老舊房屋要重建。「住三之一」的法定容積率為 300%，所以該基地的法定容積為 3000 坪。再假設該基地的原建築容積為 4000 坪，則：

以**都市更新**方式申請，加計容積獎勵，允許興建的容積樓地板面積為：

3000 坪 × 1.5 倍 = 4500 坪，或

3000 坪 × 0.3 倍 + 4000 坪 = 4900 坪

取最有利方式為 4900 坪。

以**危老重建**方式申請，加計容積獎勵（未包含時程及規模獎勵），允許興建的容積樓地板面積為：

3000 坪 × 1.3 倍 = 3900 坪，或

4000 坪 × 1.15 倍 = 4600 坪

取最有利方式為 4600 坪（不含時程及規模獎勵）。

各縣市首長為加速轄區內老舊房屋的都市更新進度，往往會訂定自治條例，提出更優惠的容積獎勵辦法。有意都更的民眾，可留意最新的訊息。

三、同意門檻：

都市更新：

應經「更新單元」內私有土地及私有合法建築物所有權人同意，若協調不成，可採多數決，依更新地區性

質差異，同意比例規定有所不同，為二分之一至五分之四不等。

危老重建： 需經 100% 同意。

四、辦理程序：

都市更新：

經過「多數決」即可決定私人財產權的命運，因此「更新單元」不能無限制的任由民間自行劃定。辦理都更必須經過審查、公聽會、公開展覽、權利變換、拆除與重建等流程，一般耗時至少數年以上。若基地內房屋或土地所有權人的意見無法整合，寄望於都更便成為一條漫長的路。

危老重建：

容積獎勵雖然較少，但沒有面積限制，小面積基地重建也可以獲得容積獎勵，只要重建範圍內的房屋或土地所有權人 100% 同意，即可提出重建計畫。主管機關在一般情況下，需於 30 日內完成審核，核准後 180 天內便需核發建照。

安全宅要點

1. **都更和危老重建對基地面積大小的要求不同**：都更面積一般為 1000 平方公尺以上，若只有 500 平方公尺以上則需經都更審議會同意。危老沒有最低面積限制。

2. **容積獎勵不同**：都更容積獎勵上限為 1.5 倍法定容積，或 0.3 倍法定容積加上原建築容積；危老重建容積獎勵上限為 1.3 倍的法定容積，或 1.15 倍的原建築容積。

3. **同意門檻不同**：都更採多數決，危老需 100% 同意。

4. **辦理程序不同**：都更必須經過審查、公聽會、公開展覽、權利變換、拆除與重建等流程，一般耗時至少數年以上。危老重建一般可於 30 日內完成審核，核准後 180 天內核發建照。危老重建可想像成「加速版」的都更。

27 都更後的新屋如何分配？

都市更新的相關法規非常繁複且專業，一般參與都更的民眾很難全盤弄懂。在與建商專業資訊不對稱的情況下，建議民眾先弄清楚都更後的**新屋分配法則**，了解自己「可以分回多少坪數」，以保障參與都更後的權益。

依照《都市更新條例》規定，都更原則上是以「**權利變換**」方式實施，但如果取得全體土地及合法建物所有權人同意，也可選擇以「協議合建」的方式實施。

「**協議合建**」即一般的「建商合建」方式，由建商與各個參與都更的房地所有權人分別簽訂合建契約，來決定都更後新屋如何分配，因屬於私人契約，政府並不介入如何分配的審查。

如未能取得所有權人 100% 同意，依《都市更新條例》第 44 條規定，只要 80% 以上同意，即可採取部分「協議合建」、部分「權利變換」辦理，對於不願參與協議合建的所

有權人,以權利變換方式實施。如未能超過80%所有權人同意採取「協議合建」,則全案應以「權利變換」方式實施。

什麼是「權利變換」?

所謂權利變換,簡單說,就是透過專業估價師的估價,將地主所出的「地」換算成「都更前權利價值」,並計算各個都更戶的「權利價值比例」,將「都更後房地總價值」扣除地主的「共同負擔」後,各地主再依所占權利價值的比例,分配都更後的房地價值。

地主的「共同負擔」則是指建商所出的「錢」,包含拆遷費及新建工程費用、辦理權利變換所支出的費用、貸款利息、稅捐及管理費用(含建商利潤)等。

「都更前權利價值」主要是房產所有權人所持分土地的價值,一棟五樓公寓,各層樓住戶所持分的土地面積可能相同,但一樓持分土地的價值一定高於其餘各樓層,二樓以上各樓層的價值也會有所差異,這有賴於專業估價師的公正估價。**以下例子用來說明權利變換的分配法則:**

假設王先生參與一個都市更新案,「更新單元內」所有住戶所持有土地的總權利價值為5000萬元,王先生的持分價值為500萬元——此即王先生的「**都更前權利價值**」。

在此條件下,王先生的「**權利價值比例**」為:

500 萬元 ÷ 5000 萬元 = 10%。

再假設這個都更案的建商支出的資金總共為 6000 萬元，即地主的「共同負擔」為 6000 萬元。都市更新案完成後，新大樓的房地總價值為 1 億 5000 萬元，扣除共同負擔 6000 萬元後，所有參與都更的住戶可參與分配的房地總價值為：

1 億 5000 萬元 – 6000 萬元 = 9000 萬元。

則王先生可以分到的房地價值為：

9000 萬元 × 10% = 900 萬元。

王先生可用 900 萬元的「都更後權利價值」參與分配房子。王先生經過考慮後，選擇位於五樓、價值 800 萬元的房子，則建商需找補 100 萬元給王先生。

假設另一個所有權人李小姐，一樣有 900 萬元的權利價值，但選擇同樣位於五樓、坪數較大、價值 1000 萬元的房子，則需再支付給建商 100 萬元。

在這個都更案中，建商總共可分配到的房地價值，則相當於它墊支的地主「共同負擔」，即 6000 萬元。

權利變換的陷阱

由權利變換的分配法則可知：
都更戶可分配的房地總價值＝
都更後房地總價值 – 共同負擔費用

因此，建商如果提高共同負擔費用，或壓低都更後房地總價值，都更戶可分配的房地總價值都會變少，也就是可讓都更戶少分一點，建商自己多分一點。

在住戶與建商專業資訊不對稱下，除了寄望於辦理權利變換的專業估價師能夠公正估價外，最重要的就是慎選建商，因為估價師也是接受建商委託的。因此，建商的良窳對都更案的成敗關係非常重大。

安全宅要點

1. **都更戶可分配的房地總價值**，等於「都更後房地總價值」扣除建商付出的「共同負擔費用」，再依據住戶所持有土地的價值比例，算出各住戶可分配到的房地價值。
2. **公平的估價至關重要**：若建商提高共同負擔費用或壓低都更後房地總價值，都更戶可分配的房地總價值就會變少。估價師由建商委託，建商的良窳是都更案的成敗關鍵。

28 如何辨別
都更建商的良窳？

　　辦理都市更新十分繁瑣複雜，包括前期劃定都更單元、整合土地與房屋所有權人的意見、取得法定同意門檻、擬定都市更新事業計畫、召開公聽會、接受主管機關審議等，以及後期的房屋規劃設計、拆遷與興建、資金籌措、房屋分配等等，涉及多種專業且必須依循相關法令，千頭萬緒，辦理流程又繁瑣冗長。一般民眾大多沒有這樣的專業和財力，因此政府規定由一「實施者」來推動及處理這些事項。

　　《都市更新條例》定義的「實施者」，指依本條例規定實施都市更新事業的機關、機構或都市更新會。「公辦都更」除了由政府機關自行擔任實施者外，政府機關也可依法，經公開評選程序委託其他機構（如建商）實施都市更新事業。政府會介入的公辦都更，往往是不具市場性、環境窳陋、有大量公有地的地區或海砂屋、震災屋社區等。

　　如果都更區內的左鄰右舍有能力和時間處理相關事宜，

也可以自組都市更新會來擔任實施者,自己做都更,即「自辦都更」。但都市更新會類似烏合之眾,往往只有少數成員具備專業能力,而且要數年時間全程投入也不容易,過去推動成功的自辦都更案例並不多。

至於「民辦都更」,實施者必須是依公司法設立的股份有限公司,一般是「某某建設股份有限公司」,即建商。你的房屋如果是位於房價高的老舊社區,大概已有各路人馬來談都更,遊說你簽下都更同意書。

都更要求土地與建物所有權人簽同意書的時機,一次是簽「事業概要同意書」時,另一次是「事業計畫同意書」,兩次同意書授權建商的權限相差很多。

都更「事業概要」只是簡要說明都更計畫的概念,因此很多個案會直接跳過這個階段,直接進入都更「事業計畫」。若跳過事業概要階段,則住戶不會被要求簽署「事業概要同意書」。但有時為了凝聚向心力,都更發起人透過取得「更新單元範圍內土地及合法建築物所有權人均超過二分之一」、及「土地總面積及合法建築物總樓地板面積均超過二分之一」的同意書,便能將事業概要的計畫書送審。

惟住戶簽署事業概要同意書,只是向行政機關表達都更的意願,就算事業概要被核准,也沒有嚴格的拘束力,所以這份同意書簽幾份都沒有關係。

事業計畫同意書就不同了,會載明實施者名稱、都更後

房地價值分配方式及比率，一旦同意的所有權人達到法定門檻，實施者就可以向主管機關申請核定。以自行劃定更新單元的案件來說，同意比率應超過「更新單元範圍內土地及合法建築物所有權人、總面積的五分之四」，才能送審事業計畫，所以大多數住戶都會碰到實施者要求簽署事業計畫同意書的情形。

事業計畫同意書簽署後，將來若後悔想要撤銷並不容易，因此有人戲稱事業計畫同意書為賣身契，要簽之前千萬要看清楚自己簽的是哪一種同意書。

都更「合建契約」實施者條文陷阱

在簽下事業計畫同意書給實施者時，一般也會同時跟實施者簽訂「合建契約」。《一次看穿都更合建契約陷阱》一書作者蔡志揚律師，提醒民眾在簽訂合建契約時，一定要看清楚裡面有關實施者的條文。

如果合建契約條文約定如下，代表有陷阱存在。

第二條：實施方式與建築規劃
雙方同意本案依據都市更新條例暨相關法規辦理都市更新事業，<u>由乙方或其關係企業擔任實施者</u>，以權利變換方式實施。　　　　　　　　　陷阱

實施者是整個都更案的主導者,必須有相當的專業及財力,才能確保都更案成功。如果事業計畫同意書載明的實施者是某個你信賴的 A 公司,但合建契約條文卻如前,允許 A 公司或其關係企業都可以擔任實施者,未來的實施者便可能是 B 公司。B 公司可能資本額很小,可能是 A 公司的關係企業,或與 A 公司沒什麼實質關係,甚至更可能是家「一案公司」。但依合約,A 公司並沒有違約問題。

　　以下才是<u>正確條文的範例</u>:

第二條:實施方式與建築規劃
雙方同意本案依據都市更新條例暨相關法規辦理都市更新事業,<u>由乙方擔任實施者及起造人</u>,<u>以權利變換方式實施</u>。

> 清楚指明由誰實施及起造!

> 法律有一定定義!

重簽合約也要小心陷阱

　　另一種常見到的陷阱是,有些小型開發商或規劃整合公司會先和都更戶談好條件,整合好之後再包裹賣給較大的建商。大部分都更戶看到接手的建商實力較強,即使是必須重簽事業計畫同意書和合建契約,常常毫不猶疑就同意了,但接手的建商若不滿意都更整合公司所開的條件,可能片面變

更合建契約的內容或計畫,如分配比例或建物規劃、建材等級等。都更戶在重簽合約時若沒有留意到這些細節,等到分配房屋時才發現與原先承諾的條件有很大落差,這時已經來不及了,因為基於合建契約是兩相情願的私契約,政府並不會過問。

此外,都更重建完成前,建商發生財務危機或倒閉的案例也很多。因此,慎選建商非常重要!簽「**事業計畫同意書**」和「**合建契約**」,一定要弄清楚「**實施者**」是誰。

如何分辨「實施者」的良窳?

面對來談都更的各路建商人馬,要如何分辨他們是否可靠?下列原則可供大家參考:

一、打聽商譽和過去的業績

具有相當業績的上市櫃建商或老牌建商,因為具有永續經營的理念,比較珍惜商譽形象,相對較值得信賴。如果是一般建商,要打聽建商過去是否承辦過類似規模的都更案。不管建商規模的大小,都要多方打聽,可以從報章雜誌、消基會等網站或司法院裁判書查詢系統等,查閱建商是否有不良紀錄。或者可向該建商曾經手的建案或更新案住戶打聽,聽取住戶的實際經驗。

都更案需要投入大量的專業與財力,因此建議避免第一次推出建案的建商(即所謂一案建商)。如果該建商連官網都沒有,而且不是「建築開發商業同業公會」的會員,就可能是一案建商。此外,對於以「某某關係企業」進行宣傳的建商,也要特別注意。

二、是否提供完整資訊?

如果建商很耐心的跟你解釋都更的法令和流程,準備跟你說明的資料也很詳盡用心,而且不怕你留存,代表建商對自己的專業和承諾有信心,這樣的建商比較可以信賴。

反之,如果建商對於房屋的規劃設計、分配方式或與都更相關的資訊等,處處含糊其辭、模稜兩可,或一語帶過,而且不肯提供書面資料,就得特別小心了。這樣的建商更可能在將來的書面或合約文句內到處暗藏陷阱,讓你踩到都更的地雷。

三、是否不避諱分析風險?

正當經營的建商會不厭其煩、詳實的向地主解釋都更案的內容,分析參與都更的利弊得失,及雙方可能面臨的風險,並提出規避風險、創造雙贏的方案。相反的,如果建商只是一味花言巧語,把都更講得天花亂墜、盡講些「多好多好」、「錯過可惜」而沒有實質內容的話,可能只是買空賣

空，騙你簽同意書後，準備將都更案整合後打包轉賣給其他建商。

四、有沒有黑箱作業？

大家可向鄰居打聽與建商交涉的過程和內容，了解是否有厚此薄彼的情形。一個好的建商應該盡可能一視同仁，若不得不給予某些都更戶比較優渥的條件，也必須有正當理由。「暗盤」交易只會製造住戶鄰居之間的不安與對立，不利都更順利推動。

此外，建議大家若有都更需求，要自行充實都更知識。都更法令雖然繁多，辦理流程雖然複雜，但用心了解還是可以弄懂。也要留意媒體所發布的最新都更資訊，民選首長為了政績常會發布一些新的優惠政策。充實都更知識與了解最新資訊，可減少自己與建商間的專業資訊不對稱，也較容易辨別建商的良窳。

安全宅要點

1. **都更案成功的關鍵在於實施者**：實施者是整個都更案的主導者。

2. **簽訂「事業計畫同意書」需謹慎**：事業計畫同意書上會載明「實施者」名稱、都更後新屋如何分配等事項。一旦同意人數達到法定門檻，實施者就可向主管機關申請核定，難以撤銷。

3. **看清「合建契約」**：要確認實施者是你信賴的公司，而不只是其關係企業。若需要重新簽訂契約時，各項條件必須一一重新確認，以免有修改。

4. **選擇優良的實施者**：可打聽商譽、過去實績，查看對方提供的資訊是否完整、是否不避諱分析風險，也可向鄰居打聽與建商交涉的內容，優良的實施者不會有黑箱作業。

29 修訂建築法才能保障人民生命財產安全

每當建築工地發生災變，政府建管單位都會動員結構技師、土木技師和建築師等三大公會（媒體簡稱三大專業技師公會）前往協助勘災，就如同綜合醫院動員不同科別的專科醫師，會診嚴重傷病患者一樣。

各專業技師的專業有哪些差別？如果以醫師為比喻，專精於房屋平面規劃配置和外觀造型美學的**建築師**，就像家庭醫師或皮膚科醫師；專精於結構力學、耐震設計和施工的**結構或土木等專業技師**，就像骨科醫師；專精於水電、空調機電等設備的電機和空調等的**設備專業技師**，就像胸腔科、心臟科、肝膽科、胃腸科、腦神經科等內科醫師。

除了以上各種專業人員外，涉及地下室開挖時，尚需要**大地工程技師**；涉及山坡地等大範圍開發，則需要**應用地質技師和水土保持技師**，共同發揮他們的專業。各種不同科別的專業技師確保我們的居住安全，就像不同科別的專科醫師

照顧我們的身體健康一樣。

他山之石：日本建築士制度

建築學是一門結合人文藝術與工程技術的學科，然而各國培養建築專業人才的學制不同。日本大學建築系裡，歷史、環境（即建築設備等）、構造（即建築結構）、構法（即施工方法）、計畫、意匠（即建築設計）等六方向的課程比例並重，換句話說，日本大學的建築系裡，建築與結構、設備專業是不分的，直到第四年，進入各學科教研室時，才區分建築專業、結構專業或設備專業。如果學生希望進一步學習，可以繼續攻讀碩士和博士。畢業後，根據所學專業就職。因此在日本，房屋建築、結構或設備的設計監造，以往均由建築士（即建築師）根據所學不同專業來承擔。

日本在 2006 年發生了震撼全國的「耐震偽裝事件」，建築師姊齒秀次為了減省工料，偽造結構應力分析數據，在地震頻繁的日本引起軒然大波。清查結果，不僅是姊齒秀次設計的近百棟建物有問題，非姊齒秀次設計的「耐震偽裝」建築物亦陸續被發現。數以千計的居民被迫遷離住處，許多飯店亦相繼關閉，不只引起社會恐慌，也促使日本政府在 2006 年 12 月 20 日修正建築士法，在保留一級建築士的基礎上，增加了「構造設計一級建築士」和「機電設計一級建

築士」及「施工管理一級建築士」的資格。

對於「構造一級建築士」資格，原則上必須：①具有一級建築士（即建築師）資格五年以上，並為從事結構設計的人員；②通過進修進行培訓，並達到滿學分；③通過面試（主要是陳述自己設計的工程），才可取得「構造設計一級建築士」的資格。

日本政府並規定，高度 13 公尺以上（即五層樓以上）建築物的結構設計，都必須委由「構造設計一級建築士」負責。大型建築物必須另行委託「施工管理一級建築士」負責監造。日本的「構造一級建築士」翻譯成中文為「結構一級建築師」，相當於我們高考及格的「結構技師」，或中國大陸的「一級註冊結構工程師」。「施工管理一級建築士」則相當於我們高考及格的「土木技師」，或中國大陸的「註冊監理工程師」。

臺灣建築專業人員養成教育與日本不同

臺灣的大學師資大多留學歐美，課程規劃自然以歐美為師。建築系教育以建築物的內部空間規劃配置和外觀造型為學習主軸，著重空間使用機能的設計能力，以及人文藝術美學素養的訓練。對於建築結構及建築設備等涉及居住安全的科目，雖然也有開設課程，但課程內容與深度，僅是為了

訓練未來的建築師,與結構和設備科技師一起設計建造房子時,具備最基本的結構和設備知識。這樣的訓練背景,與日本大學建築系課程的廣度和深度相比,相差甚遠。

臺灣的建築結構專業人才,是在工學院裡的土木工程學系中訓練養成,與歐美國家的教育體制相同。大學土木系裡開設大量的結構力學、鋼筋混凝土學、土壤力學與營造施工等科目,是為了讓房子蓋起來堅固耐震的課程。對於考結構技師資格所需的結構動力學等課程,則只在研究所開設。

土木相關科系畢業後,可參加專門職業及技術人員高考,取得土木技師、結構技師或大地技師的資格。電機技師和冷凍空調技師等建築設備相關人才,則由電機工程系和冷凍工程系等養成。

歐美建築專業人員執業制度

歐美各國的執業制度規定,建築師(Architect)或土木、結構、甚至電機等專業技師(Professional Engineer,簡稱 PE)都可接受業主委託,設計監造建築物,並向政府申請建築執照。由於一棟建築物的設計及監造,需要建築師、結構或土木技師、電機和冷凍空調等設備相關技師共同合作才能完成,因此具備上述任何一種專業資格的技師,都可以擔任建築物設計監造的總負責人,並代表業主向政府申請建

築執照。但在地震頻繁的美國加州等地，對於學校、醫院等耐震安全特別重要的建築物，則規定只能委託給結構技師總負責（不得委託建築師），並向政府申請建照。

歐美國家雖然對執業資格沒有明確劃分，但對於執業過失的處罰非常重，就連樓梯設計疏失致人於傷亡，也會面臨巨額賠償，因此有專業資格證照者，都要購買專業保險才敢執業，保險公司也會根據不同的專業和經驗，核定不同的保費。若專業不符合或沒經驗，保費會貴到買不起，因此執業並不容易。

值得一提的是，在美國所有的專業人員專業保險保費中，以外科醫師和結構技師的最貴，因為他們的執業疏失會面臨天價的索賠。歐美國家的保險制度，發揮了為社會篩選專業人員並保障公共安全的功能。

臺灣建築法規不健全

1971年以前，臺灣的建築法規定：「建築物之設計人稱建築師，以依法登記開業之建築科或土木科技師或技副為限……」因此在1971年以前，土木、建築不分家，不論建築技師或土木技師，都可以接受業主委託設計建築物，並代表業主向政府申請建築執照，統稱為「建築師」。這樣的執業制度和歐美制度相同。

1976年以後，修訂的建築法改為：「本法所稱建築物設計人及監造人為建築師，以依法登記開業之建築師為限。但有關建築物結構與設備等專業工程部分，除五層以下非供公眾使用之建築物外，應由承辦建築師交由依法登記開業之專業工業技師負責辦理，建築師並負連帶責任。」考試院也在1979年開始考選結構技師證照。

政府立法的原意是，因應現代建築物愈來愈高及愈複雜，及建築相關科技日新月異，建築物的設計監造有專業分工的需要，並付予建築師統籌協調各專業的責任。

政府為專業分工而修法本來無可厚非，但由於修法後只有建築師可以代表業主申請建築執照，所以業主都將全部設計監造酬金交給建築師統籌，再由建築師將結構專業部分複委託給結構技師或土木技師辦理，並將設備專業工程部分複委託給電機技師等辦理。這等於政府強迫專業技師淪為建築師的下包，大部分建築師選擇專業技師的標準，往往是看誰最便宜，而不是誰最專業，也因此為公共安全埋下無窮的隱憂。

大家或許會問，結構技師都是通過國家考試取得證照，難道會因為收費不同而有優劣？這就像問，醫師都是通過國家考試取得證照，醫術會有差嗎？我想一般人若要看病，一定會多方打聽哪位醫師醫術可靠而且有經驗，若要動心臟、腦部或脊椎等大手術，更不敢找剛畢業、剛取得專科醫師證

照的醫師開刀。

結構技師收費，不像醫師由健保局給付那樣有一定的標準。有些剛出道不久的結構技師，為了爭取業務，可以接受建築師的殺價，而且怕建築師另請高明，也比較不敢堅持專業原則，當建商或建築師要求柱子尺寸小一點，或拿掉一兩根柱子、梁柱內少配點鋼筋等，這些剛出道的技師往往不敢堅定拒絕。對某些建商和建築師而言，房子不是蓋來自己住的，有問題也是大地震來時才知道，反正萬一強震來襲震倒房子，再來推卸責任。

房子倒了誰該負責？

建築法第 13 條規定，建築物設計人及監造人為建築師⋯⋯建築師將結構專業部分交給專業技師辦理時，仍應負連帶責任。

刑法第 193 條則規定：「承攬工程人或監工人於營造或拆卸建築物時，違背建築術成規，致生公共危險者，處三年以下有期徒刑、拘役或九萬元以下罰金。」

每當地震過後，或施工意外造成房子倒塌及人命傷亡，負責該建築物設計監造的建築師和結構或木土技師，都會面臨檢察官追究刑事責任及民事賠償責任。這時建築師公會都會出面為會員喊冤。建築師公會所持的理由為，建築法第

13 條規定建築師是設計監造人,而不是刑法第 193 條所稱的監工人。為了一勞永逸,建築師公會正在推動修改建築法第 13 條,擬將建築師應負的連帶責任去除。

設想建築師公會推動修法成功,那豈不是如同醫療法強制規定,民眾有骨科、肝膽科或心臟科等其他疾病時,必須先找家醫科醫師,只能由他們幫你指定醫師,而且骨科、肝膽科或心臟科等其他醫師的看診或開刀費用,也必須全部交給家醫科醫師,再由他們支付費用給骨科、肝膽科或心臟科醫師等。若因醫療過失致死,則只由骨科、肝膽科或心臟科等專科醫師負刑責及賠償,收錢及幫你指定醫師的家醫科醫師完全不必負責。試問如此一來,保障我們生命安全的醫療品質會變得如何?

以上雖然是個匪夷所思的比喻,但卻是建築師公會正在盡全力推動,而與結構、土木等專業技師公會紛爭不斷的法案,細節就不在本書討論範圍了。

建築專業人員不能「要錢要權卻不要責任」

在現有畸形制度下,建築師拿走大部分設計監造費,僅用甚少的費用,將與人民生命安全攸關的結構設計委託給專業技師。以 2020 年 5 月 1 日「平鎮文化公園停車場」工地崩塌,造成一死二傷的工安意外為例,多端原因釀成意外,

但由建築師公會做的鑑定報告,卻將責任全部推卸給結構技師,以規避建築師的責任。

該工程的建築師設計監造酬金高達 1504 萬元,其中委託結構技師做結構設計的金額只有 43 萬元,結構設計酬金還不到建築師總設計監造酬金的 3%,只有剛出道的結構技師為求生存,才會願意接受這樣的報酬。

國際上不同專業間的酬金分配比例通常為:建築設計監造 40%,結構設計監造 30%,水電空調等機電設備之設計監造 30%。建築師高出 10%,是因為建築師必須整合不同專業間的工作成果。

一棟建築物除了設計之外,監督營造廠按圖施工、不偷工減料,才能確保蓋出來的房子堅固耐震,這是建築法上付予「監造人」的責任。

建商把所有的設計監造費付給建築師統籌,建築師自認為建築法唯一的法定監造人,拿了數百萬、甚至數千萬元的監造費後,為了省錢,沒派合格的專業人員在工地現場監造,等到地震屋毀人亡,民眾付出生命和財產損失的代價時,再辯稱他的監造責任,只限於促成建造最終成果確實達到建築設計的「型式」與「功能」,至於建造過程中如何綁鋼筋、如何澆灌混凝土等,則是專業技師與營造廠的事,他不必負責任。請問大家可以接受這種說法嗎?

修訂建築法，才能保障人民生命財產安全

現代建築物愈蓋愈高、不只規模龐大，內部機能也愈趨複雜，必須依賴**建築設計**、**建築結構**、**建築設備**三種專業人才通力合作，才能蓋出堅固美觀好用的家。

現行建築法雖然對專業分工有明確的規定，卻將專業整合的責任只交給專長建築設計的建築師。從 921 地震以後，每隔數年都有屋毀人亡的地震災害發生，倒塌的房屋幾乎都是屋齡相對新的大樓，可見我們建築法中有關設計監造人的規定，無法保障全民的生命財產安全。

臺灣的醫療品質在全世界名列前茅，我們看醫生時都是自己選擇可信任的專科醫師，不同專科醫師的收費都由健保署核實給付。醫師可以選擇自行開設私人診所、與不同專科醫師一起開設聯合診所或綜合醫院，或受聘於大型綜合醫院等，但我們的建築師法卻規定建築師只能開設建築師事務所，不允許與其他專業技師合開事務所或顧問公司。

要改變現有建築相關專業的付費機制，因牽涉到既得利益而難予實現。但我們是否也應該同歐美等先進國家一樣，修訂建築法，讓專業技師也可擔任建築物的法定設計監造人，負責不同建築專業之間的整合。或者仿照醫療法，讓建築師也能與其他專業技師合組事務所、合組工程顧問公司，或受聘於工程顧問公司。

惟有讓專業技師與建築師立於平等的地位，才有利於不同專業的整合，真正保障人民的生命財產安全。

安全宅要點

1. **各專業技師專業有別**：結構或土木等專業技師專精於結構力學、耐震設計和施工。建築師專精於房屋平面規劃配置和外觀造型美學。設備專業技師專精於水電、空調機電等設備。
2. **不同專業需整合並立於平等地位**：建築師與專業技師可比喻為不同科別的專科醫師。建築設計、建築結構、建築設備三種專業人才通力合作，才能蓋出堅固美觀好用的家。

誌謝

本書雖然是為一般讀者書寫的科普書，但嚴謹度比照學術論文，書中的每一篇章都邀請業界最頂尖的專業技師或學者專家，協助審閱修訂後再定稿。

我要特別感謝：臺灣省結構技師公會王炤烈理事長、王東榮結構技師、王淑娟教授、甘錫瀅結構技師、新北市土木建築學會余烈理事長、沈榮村結構技師、吳亮宇結構技師、吳鎮鯤結構技師、吳國楨電機技師、周南山博士、邱建揚土木技師、邱聰智博士、臺南市結構技師公會施忠賢理事長、姚村淮結構技師、馬道奇結構技師、倪超凡結構技師、臺大土木系陳振川名譽教授、陳正興名譽教授、陳福松博士、陳奕信博士、陳冠帆結構技師、新北市結構技師公會陳伯炤理事長、桃園市結構技師公會陳敬賢理事長、臺中市結構技師公會許庭偉理事長、臺灣科技大學張大鵬榮譽教授、張建輝結構技師、梁敬順結構技師、彭康瑜結構技師、黃立宗結構技師、黃昭琳博士、萬俊雄結構技師、廖書賢結構技師、劉賢淋結構技師、蔡志揚律師、蔡萬來結構技師、鍾立來教授、謝紹松結構技師、謝祥樹土木技師、戴雲發結構技師、中華

民國結構技師全聯會藍朝卿理事長。

感謝徐文基土木技師協助蒐集資料、超偉工程顧問公司張祐華小姐和恆康工程顧問公司張嘉佟先生，為本書繪製多幅精美翔實的專業插圖。

感謝天下文化的邀稿和優秀編輯團隊的協助，尤其是資深總監楊郁慧小姐的策畫、邀稿和督促寫稿，以及陳雅茜副總編輯彙整編輯圖文。集眾人之力，才能讓本書順利問市。

圖片來源

Google Earth：43
Shutterstock：29、66、75、76
Wikimedia Commons：129
小瓶子：56、208 上
中華民國結構技師公會全國聯合會：58 下、90 上、92 左、93 下、142、147
方冠今土木技師：144 左
交通部中央氣象署：28
余烈土木技師：151
邱建揚土木技師：23 下、112、144 右、177
邱聰智博士：215
恆康工程顧問公司張嘉佟：22、23 上
施忠賢博士：61、90 下、93 上
徐文基土木技師：18、79
許庭偉結構技師：211 下右
陳正興教授：67、70
華熊營造王志民主任：185
超偉工程顧問公司張祐華：31、44、54、58 上、60、108、127 上、133、134、158、169、172、186、214
超偉工程顧問公司陳福松博士：115、123 下、127 下
黃立宗結構技師：117
黃昭琳博士：211 上、211 下左
新北市政府都市更新處：226
經濟部標準檢驗局：244 右
廖書賢結構技師：82
臺聯建材：244 左
趙瑷：51 上、53 上、66、75、76、123 上、146、228
劉泓維博士：25 下
蔡萬來結構技師：51 下、53 下、161、208 下
蔡榮根結構技師：25 上、92 右

財經企管 BCB854

尋找安全的家：結構技師蔡榮根教你選好宅

作者 —— 蔡榮根

副社長兼總編輯 —— 吳佩穎
責任編輯 —— 楊郁慧、陳雅茜
協力編輯 —— 吳育燐
封面暨美術設計 —— 趙璦

出版者 —— 遠見天下文化出版股份有限公司
創辦人 —— 高希均、王力行
遠見・天下文化　事業群榮譽董事長 —— 高希均
遠見・天下文化　事業群董事長 —— 王力行
天下文化社長 —— 王力行
天下文化總經理 —— 鄧瑋羚
國際事務開發部兼版權中心總監 —— 潘欣
法律顧問 —— 理律法律事務所陳長文律師
著作權顧問 —— 魏啟翔律師
社址 —— 台北市 104 松江路 93 巷 1 號 2 樓
讀者服務專線 —— 02-2662-0012 ｜ 傳真 —— 02-2662-0007；02-2662-0009
電子郵件信箱 —— cwpc@cwgv.com.tw
直接郵撥帳號 —— 1326703-6 號 遠見天下文化出版股份有限公司

電腦排版 —— 趙璦
製版廠 —— 東豪印刷事業有限公司
印刷廠 —— 家佑實業股份有限公司
裝訂廠 —— 台興印刷裝訂股份有限公司
登記證 —— 局版台業字第 2517 號
總經銷 —— 大和書報圖書股份有限公司｜電話 —— 02-8990-2588
出版日期 —— 2024 年 10 月 30 日第一版第 1 次印行
　　　　　2025 年 3 月 21 日第一版第 4 次印行

定價 —— NTD 450 元
書號 —— BCB854
ISBN —— 978-626-355-966-0
EISBN —— 9786263559622（EPUB）；
　　　　　9786263559615（PDF）

天下文化官網 — bookzone.cwgv.com.tw

國家圖書館出版品預行編目 (CIP) 資料

尋找安全的家：結構技師蔡榮根教你選好宅 /
蔡榮根著. -- 第一版. -- 臺北市：遠見天下文化
出版股份有限公司, 2024.10
　面；　公分. --（財經企管；BCB854）
ISBN 978-626-355-966-0（平裝）
1.CST: 房屋建築 2.CST: 結構工程 3.CST: 問題集

441.5022　　　　　　　　　　　　　113014536

本書如有缺頁、破損、裝訂錯誤，請寄回本公司調換。
本書僅代表作者言論，不代表本社立場。

天下·文化
BELIEVE IN READING